KB122099

진은 어렵지 않아

LE GIN C'EST PAS SORCIER

Thanks to

미카엘 귀도(Mickaël Guidot)
이 책을 시작하고 며칠 뒤에 태어난 나의 아들 조르주(그는 분명히 진의 향기에 매료되었을 겁니다).
조르주 덕분에 이 책을 생각보다 쉽게 쓸 수 있었습니다.
언제나 나를 지지해주는 디마(Dima)와 부모님께도 감사인사를 보냅니다.

야니스 바루치코스(Yannis Varoutsikos)
바스(Bath) 진의 세계를 경험하게 해 준 지니(Ginny), 그리고 영국 남서부 골짜기의 작고 멋진 시골 마을 바스와, 그곳의 주민들에게 감사인사를 전합니다.

Author / Illustrator

글쓴이_ 미카엘 귀도(Mickaël Guidot)
프랑스 부르고뉴 지방에서 태어나 와인으로 유명한 본과 뉘 생 조르주 근처에서 자랐으며, 이 지역의 와이너리와 바에 열심히 드나들었다.
2012년부터는 「포 조르주(ForGeorges. fr)」라는 블로그를 만들어 그동안 쌓은 지식과 경험을 많은 사람들과 나누고 있다. 「포 조르주」는 블로그를 만들기 몇 달 전에 세상을 떠난 조르주 할아버지를 기리기 위한 이름으로, 조르주 할아버지는 저녁식사 전에 가족들과 즐기는 식전주를 무엇보다 좋아했다고 한다. 글쓴이에게 이 블로그는 만남과 나눔, 그리고 호기심의 공간이다.
스피릿을 향한 국경 없는 열정으로 전 세계 곳곳의 증류소를 방문하며, 권위 있는 스피릿 대회에서 심사위원으로도 활동하고 있다. 저서로 『위스키는 어렵지 않아(2018)』, 『칵테일은 어렵지 않아(2019)』, 『럼은 어렵지 않아(2022)』가 있다.
www.forgeorges.fr

일러스트레이터_ 야니스 바루치코스(Yannis Varoutsikos)
아트 디렉터이자 일러스트레이터. 다른 분야에서도 다양하게 활동하고 있다.
Marabout에서 나온 『와인은 어렵지 않아(Le Vin c'est pas sorcier)』(2013, 한국어판 그린쿡 출간 2015), 『커피는 어렵지 않아(Le Cafe c'est pas sorcier)』(2016, 한국어판 그린쿡 출간 2017), 『위스키는 어렵지 않아(Le Whisky c'est pas sorcier)』(2016, 한국어판 그린쿡 출간 2018), 『칵테일은 어렵지 않아(Les Cocktails c'est pas sorcier)』(2017, 한국어판 그린쿡 출간 2019), 『요리는 어렵지 않아(Pourquoi les spaghetti bolognese n'existent pas?)』(2019, 한국어판 그린쿡 출간 2021), 『럼은 어렵지 않아(Le Rhum c'est pas sorcier)』(2020, 한국어판 그린쿡 출간 2022), 『차는 어렵지 않아(Le Thé, c'est pas sorcier)』(2021, 한국어판 그린쿡 출간 2022), 『Le Grand Manuel du Pâtissier』(2014), 『Le Grand Manuel du Cuisinier』(2015), 『Le Grand Manuel du Boulanger』(2016) 등의 그림을 그렸다.
lacourtoisiecreative.com
lacourtoisiecreative.myportfolio.com

진은 어렵지 않아

LE GIN C'EST PAS SORCIER

미카엘 귀도(Mickaël Guidot) 글
야니스 바루치코스(Yannis Varoutsikos) 그림
고은혜 옮김

GREENCOOK

CONTENTS

시작하기 INTRODUCTION

증류소 LA DISTILLERIE

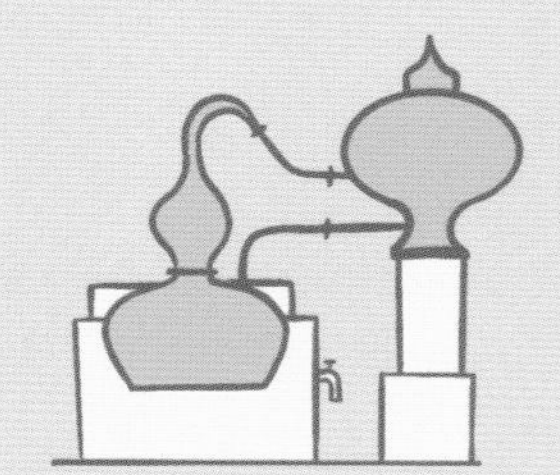

시음 LA DÉGUSTATION

진 구입 ACHETER SON GIN

식탁에서 À TABLE !

바 & 칵테일 BARS & COCKTAILS

세계의 진 TOUR DU MONDE

참고자료 ANNEXES

진의 위대한 이름

시작하기

INTRODUCTION

진은 전 세계의 바에서 만날 수 있는 술로, 단연 이 시대의 술이라 할 만하다. 스트레이트로 마시거나 다양한 칵테일로 즐기기도 하는 진은 세련되고 화려한 파티에 어울리는 술로 알려져 있는데, 이 챕터에서 소개하는 것처럼 그 역사가 파란만장하다. 진의 특징과 정체성을 정립하는 데만 수 세기가 걸렸다. 화이트 스피릿(White Spirits, 백색 증류주)의 일종인 탓에 보드카와 비교 대상이 되곤 하지만, 자세히 들여다보면 진은 보드카와 달리 매우 복합적인 술이다. 진에는 다양한 스타일이 있으며 여러 가지 재료와 제조법이 존재한다. 과거에 마시던 싸구려 진에 속지 말자. 진을 예술의 영역으로 끌어올린 진이 존재하니 말이다!

나는 운이 좋았다. 어린 시절 조르주 할아버지와 함께 식전주를 마시면서 다양한 술의 세계를 탐험할 수 있었기 때문이다. 할아버지는 내가 술을 맛보고 비교할 수 있는 시간을 갖게 해주셨다. 이때 나는 최고의 술을 만드는 것은 2가지 요소라는 것을 배웠다. 그것은 바로 자연으로부터 얻는 훌륭한 원료와, 최고를 만들기 위한 인간의 치열한 노동이다. 또한 할아버지는 라벨에 쓰인 감언이설에 속지 않는 법도 가르쳐주셨다. 그런 감언이설은 조금만 관심을 갖고 살펴보면 거짓이라는 것을 알 수 있다.

몇 년 뒤 나는 포 조르주(ForGeorges.fr)라는 블로그를 만들었다. 포 조르주의 철학은 과장되게 부풀려진 정보에 반기를 드는 것이다. 이를 위해 나는 수많은 주류 생산업자, 판매자, 애호가들을 만나고, 바텐더 대회의 심사위원으로 참여하며, 프랑스와 세계 곳곳의 증류소를 직접 방문하여 서로 다른 수천 가지 제품들을 시음하였다.

진의 세계에서 진을 시음하고 이해하는 데 도움이 필요하다면, 포 조르주가 좋은 길잡이가 되어줄 것이다. 책 곳곳에 있는 Ⓖ 라고 표시된 박스에서 조르주 할아버지를 만날 수 있다.

CHAPTER 1 : 시작하기

INTRODUCTION

진은 어떤 사람이 마실까?

진(Gin)은 그 기원과 역사 때문에 「오직 영국인을 위한, 단순하고 특별한 맛이 없는 술」이라는 강력한 선입견이 따라다닌다. 하지만 좀 더 자세히 살펴보면 진은 매우 다양한 특징을 갖고 있다. 먼저 어떤 사람이 진을 마시는지 알아보자.

영국의 엘리자베스 2세 여왕

전 세계에서 가장 유명한 진 애호가 이야기부터 해보자. 영국의 엘리자베스 2세 여왕은 어쩌면 진을 무척 좋아했던 어머니를 통해 진을 좋아하게 되었는지도 모른다. 여왕은 날마다 점심식사 직전에 진 칵테일을 마셨는데, 진과 뒤보네(Dubonnet, 포도주에 키니네 등을 섞어서 만든 혼성주)에 얼음을 가득 넣고 레몬 슬라이스(씨 제거)를 곁들인 이 칵테일을 사랑했다고 한다. 그리고 점심식사 뒤에는 드라이 마티니를 한 잔 마셨다.

영국 사람

진은 영국, 정확하게는 잉글랜드의 대표적인 술로 진의 역사는 영국과 밀접한 관련이 있다. 영국에서는 2020년 124개의 신생 증류소가 등록을 마쳤는데, 이는 2019년보다 28%나 증가한 수치이다. 영국의 증류소 수는 겨우 4년 만에 2배로 늘어났다.

진토닉은 사이코패스의 술?
겁먹을 필요는 없다, 지금 당장 큰일이 일어나는 것은 아니므로. 2017년에 발표된 연구 결과에 따르면, 진토닉을 좋아하는 사람은 다른 칵테일을 좋아하는 사람보다 사이코패스적 성향을 가졌을 확률이 더 높다고 한다. 그 이유는 바로 진토닉의 씁쓸한 맛 때문이다. 그러나 진토닉을 마신다고 해서 반드시 사이코패스가 되는 것은 아니다.

바텐더

진업계는 진화를 거듭하고 있으며, 바텐더들은 자신의 칵테일에 새로운 바람을 불어넣을 프리미엄 신제품을 간절히 기다리고 있다. 이들은 신제품을 통해 기존의 클래식한 진 칵테일을 새롭게 재탄생시키고, 자유로운 상상력으로 현대적인 칵테일을 선보이기도 한다.

스페인 사람

영국에 비해 훨씬 온화한 기후를 자랑하는 스페인은, 진 시장에서 3위를 차지하며 발전하고 있다. 이들은 특히 진토닉을 「맞춤형」으로 발전시켰는데, 스페인에서는 놀랍도록 다양한 진을 선택할 수 있고, 칵테일 믹서 역시 다양하게 준비되어 있다(품질이 떨어지는 토닉 워터만 있는 것이 아니다).

칵테일 애호가

드라이 마티니, 진 피즈, 에이비에이션, 톰 콜린스, 네그로니……. 진은 오랫동안 칵테일과 긴밀한 관계를 유지해 왔다. 좋은 진이 없으면 이런 칵테일들을 만들 수 없다. 원래 진토닉은 말라리아약으로 처방되었지만, 시원하고 청량한 칵테일을 좋아하는 사람들의 입맛을 사로잡았다.

INTRODUCTION

진의 종류

오늘날 가장 많이 알려지고 인기 있는 진은 런던 드라이 진(London Dry Gin)이지만, 그 밖에도 흥미로운 진이 많이 있다. 모든 진이 중성 알코올(중성 주정)에서 탄생하더라도, 그 뒤로 거치는 과정에 따라 맛뿐 아니라 겉으로 보이는 모습에도 차이가 생긴다.

네덜란드의 예네버르에서 시작

예네버르(Jenever) 없이는 진도 없다? 예네버르는 진의 네덜란드 조상으로 소개되곤 한다. 또한 일부에서는 예네버르를 진보다 비주류에 속하는 독자적인 술의 일종으로 보기도 한다. 그런데 진과 예네버르는 제조방법부터 다르다. 예네버르는 주로 곡물의 즙(Mash)을 증류한 뒤, 그 일부를 과일, 향료, 또는 향신료와 함께 재증류하여 만든다(자세한 내용은 p.14~15 참조).

올드 톰 진

단맛이 살짝 느껴지는 스위트 진으로, 증류기가 아직 존재하지 않았던 18~19세기에 널리 퍼졌다. 이 시기에 만들어진 진은 맛이 거칠고 불쾌한 냄새가 진동하기도 해서, 이러한 문제를 감추고 마시기 적합한 상태로 만들기 위해 레몬 또는 아니스 향을 첨가했다. 이후에는 식물을 이용하여 단맛을 내거나 직접 설탕을 넣었고, 살짝 단맛을 낸 올드 톰 진(Old Tom Gin)은 최근 칵테일업계에 다시 등장하였다.

런던 드라이 진

단맛이 없는 순도 높은 진으로, 이름에서 알 수 있듯이 원래는 런던에서 만들었다. 1831년 코페이 증류기(연속식 증류기)가 발명된 직후 탄생한 진으로, 그 덕분에 이전까지 느껴지던 불쾌한 맛이 사라졌다. 오늘날 런던 드라이 진이라는 이름은 진의 스타일을 의미하며, 지리적 표시(Geographical Indication)와는 관계없다. 즉, 런던 드라이 진은 전 세계 어디서나 만들 수 있다.

옐로 진

옅은 노란색을 띠기 때문에 옐로 진(Yellow Gin)이라는 이름이 붙었다. 이러한 색이 나는 이유는 바로 나무통에서 숙성시켰기 때문이다. 19세기에는 진을 운반하고 보관할 때 나무통을 사용하였는데, 나무통에 들어있는 진을 꺼내면 살짝 노란색이 돌았다. 최근 옐로 진은 숙성 증류주를 선호하는 소비자들의 관심에 힘입어 다시 시장에 등장하였다.

플리머스 진

런던 드라이 진보다 덜 드라이하고 감귤류 풍미는 더 많이 느껴지는 플리머스 진(Plymouth Gin)은, 영국의 항구도시 플리머스의 바비칸(Barbican)에서 1793년부터 증류된 진 브랜드이기도 하다.
플리머스 진을 생산하는 플리머스 진 디스틸러리(Plymouth Gin Distillery)는 1431년에 설립되었으며, 그전에는 도미니카 수도회의 수도원이었다. 플리머스 진은 영국에서 생산되는 유일한 증류주였으며, 2015년까지는 유럽연합의 GI(지리적 표시) 획득으로 전통적 원산지 인증을 받은 세계에서 3개밖에 없는 진 중 하나였다.

슬로 진

진에 슬로베리(야생자두)를 담근(침용) 뒤 설탕을 넣어서 만든 슬로 진(Sloe Gin)은, 엄밀한 의미에서 진이라기보다는 리큐어에 가깝다. 전통적으로 슬로베리는 떫은맛을 줄이기 위해 첫서리가 내린 뒤 수확하며, 진에 담근 뒤 최소 3개월 동안 서늘하고 건조한 곳에 두고, 주기적으로 전체를 저어주면서 풍미를 우려낸다. 일부 슬로 진은 나무통에서 숙성시키기도 하지만 의무 사항은 아니다. 유럽연합 내에서 판매하기 위해서는 알코올 도수가 25% 이상이어야 하며, 천연 향료만 첨가할 수 있다.

뉴 웨스턴 진

미국에서는 소규모 증류소에 대한 규제가 풀리면서 뉴 웨스턴 진(New Western Gin)이 탄생하였다. 뉴 웨스턴 진은 주니퍼베리뿐 아니라 더 다양한 식물들을 사용하는 것이 특징인데, 그런 이유에서 이 진을 비방하는 사람들은 뉴 웨스턴 진이 다른 종류의 증류주에 가깝다고 말한다. 이들은 주니퍼베리의 맛이 지배적이어야 진이라고 생각하기 때문이다.

소리게르 진

유럽연합의 GI를 획득한 진으로, 스페인의 메노르카(Menorca)섬에서만 생산할 수 있다. 소리게르 진(Xoriguer Gin)의 역사는, 영국 군인들의 기항지였던 메노르카섬이 누린 지리적 이점과 밀접한 관계가 있다. 메노르카 주민들은 군인들을 위해 영국에서 진을 수입하는 대신 직접 진을 만들었다.

INTRODUCTION

진 VS 보드카

말도 안 되지만, 진은 다른 증류주인 보드카와 혼동되는 경우가 많다.
물론 진과 보드카는 모두 무색투명하다. 하지만 비슷한 점은 그것뿐이다.
이 2가지 화이트 스피릿의 닮은 점과 다른 점을 자세히 살펴보자.

진과 보드카의 공통점

진과 보드카는 옥수수, 포도, 밀, 호밀, 감자 등 거의 모든 원료로 만들 수 있다. 뿐만 아니라 당근, 사탕무, 우유, 심지어 퀴노아 같은 이색적인 원료를 사용하는 것도 가능하다. 일단 원료를 선택하면, 발효와 증류를 거친다. 특정 아로마를 제거하기 위해 이 과정을 여러 번 반복할 수도 있다. 그리고 물을 섞어서 알코올 도수를 40% 정도로 맞춘다.

보드카의 특징

보드카(Vodka)를 정의하기 위해서는 보드카의 특징이 아닌 것을 찾는 것이 더 간단하다. 보드카는 무미(플레이버드 보드카 제외)하고, 무색투명하며, 최대한 중성적으로 만든다. 미국 정부는 보드카를 「특별한 성질, 향, 맛 또는 색이 없도록」 여과 및 가공한 「중성 증류주 또는 알코올」이라고 정의한다. 화려한 미사여구로 표현할 만한 특징은 없지만, 그렇다고 해서 매우 기분 좋은 목넘김을 선사하는 훌륭한 보드카를 즐기지 않을 이유는 전혀 없다.
보드카의 원산지는 러시아와 폴란드 사이라고 할 수 있다(두 나라는 각자 서로가 보드카의 모국임을 주장하고 있다). 하지만 보드카는 전 세계 어디서든, 어떤 재료로든 생산할 수 있다.

진의 특징

반면 진은 주니퍼베리의 특정한 향이 있는 증류주로, 알코올 도수는 유럽에서는 37.5%, 미국에서는 40% 이상이다. 진은 「증류를 거치거나 증류주에 주니퍼베리 및 다른 방향식물 또는 방향식물 추출물을 섞어서 만드는」 액체라고 정의된다. 따라서 주니퍼베리의 특성이 진에 강한 영향을 미치며 특유의 소나무향 외에도 풀향이나 꽃향 등을 더해주기 때문에, 주니퍼베리는 진 생산에서 핵심적인 역할을 하는 존재이다. 진의 역사는 네덜란드의 예네버르로 거슬러 올라간다. 예네버르는 와인을 베이스로 만든 약용 술로, 1600년대 영국과 네덜란드의 80년 전쟁에서 영국은 예네버르를 차지하였다. 당시 예네버르는 「네덜란드의 용기」라는 별명으로 불리기도 했다.

인기 있는 보드카 브랜드

앱솔루트(Absolut), 주브루프카(Żubrówka), 스미노프(Smirnoff),
그레이 구스(Grey Goose), 케텔 원(Ketel One)

인기 있는 진 브랜드

봄베이 사파이어(Bombay Sapphire), 비피터(Beefeater),
탱커레이(Tanqueray), 시타델(Citadelle), 헨드릭스(Hendrick's)

인기 있는 보드카 베이스 칵테일

블러디 메리(Bloody Mary), 모스코 뮬(Moscow Mule),
화이트 러시안(White Russian), 베스퍼 마티니(Vesper Martini),
섹스 온 더 비치(Sex on the beach)

인기 있는 진 베이스 칵테일

마티니(Martini), 네그로니(Negroni), 행키 팽키(Hanky Panky),
화이트 레이디(White Lady), 라모스 진 피즈(Ramos Gin Fizz),
톰 콜린스(Tom Collins), 클로버 클럽(Clover Club)

서로 다른 용도!

이제 진과 보드카의 차이를 알았으니 칵테일을 만들 때 진과 보드카를 마음대로 바꿔서 사용할 수 없다는 사실을 이해했을 것이다.
향이 없는 보드카는 여러 가지 칵테일을 만들 때 사용하기 좋은, 가장 사랑받는 증류주 중 하나이다. 반면 진은 고유의 아로마 특성과 충돌할 수 있는 다양한 재료와 함께 사용하기 힘들기 때문에, 2인자 자리에 머무르고 있다.

예네버르 : 진의 조상(?)

종종 진과 혼동되는 예네버르(왈롱어로는 Peket, 네덜란드어로는 Jenever, 영어로는 Dutch Gin)는 전통적으로 곡물로 만드는 증류주이다. 유럽에서는 농산물을 원료로 만든 중성 알코올(중성 주정)에, 주니퍼나무(학명 *Juniperus communis* L. 또는 *Juniperus oxycedrus* L.)의 열매로 향을 낸 것이라 규정하고 있다.

지리적 특성

예네버르는 일부 특정 지역과 관련이 있다. 프랑스 북부, 벨기에[특히 페케(Peket)라는 이름으로 알려진 하셀트(Hasselt)와 리에주(Liège)], 네덜란드[스히담(Schiedam)], 그리고 독일 북부의 특산물로, 유럽 원산지 통제명칭(AOC)의 적용을 받는다. 예네버르는 현대 진의 「조상」으로 알려져 있는데, 오늘날 진은 정류 알코올로 만든다. 퀘벡에서는 예네버르를 「그로 진(Gros Gin)」이라고 부른다.

예네버르는 어떻게 만들까?

예네버르는 원래 약용으로 만들어졌다. 맥아 와인을 알코올 도수 50%로 증류한 것으로, 16세기 네덜란드에서 질병 치료를 목적으로 사용되었다. 맥아로 만든 술은 맛이 그다지 정제되지 않았기 때문에, 네덜란드의 약사들은 맥아 와인의 강한 맛을 가리기 위해 주니퍼베리를 사용하였다.

제조면에서는 예네버르가 진의 조상처럼 보이지만, 진과 예네버르 사이에는 공통의 뿌리가 있다. 바로 위스키다. 진은 보통 곡물로 만든 중성 알코올에 식물 혼합물(주니퍼베리 중심)을 인퓨징하여 만드는 반면, 예네버르는 보리맥아, 호밀, 옥수수 등 곡물의 즙(매시)을 증류한 뒤 곡물즙의 일부를 주니퍼베리와 함께 재증류하여 만든다. 주니퍼베리로 향을 낸 증류액은 주니퍼베리를 넣지 않은 증류액과 섞어서 맥아와 주니퍼베리가 균형을 이루게 한다.

예네버르의 귀환

엘리티즘(Elitism)으로 느껴질 수도 있지만, 조상 격인 제품으로 돌아갈 필요를 느끼는 이들도 있다. 어쨌든 세계 최고로 꼽히는 바에서 예네버르병을 발견하더라도 놀라지 않기 바란다. 아이티의 클레랭(Clairin, 사탕수수즙을 발효시킨 뒤 증류하여 만드는 아이티 술)이 럼을 대체하고 메스칼(Mezcal)이 테킬라를 대체하는 것처럼, 예네버르는 많은 바텐더들에게 원류로의 귀환이라는 의미가 있다.

다양한 스타일의 예네버르

아우더 예네버르(Oude Jenever)

네덜란드어로 「오래된」 예네버르를 의미한다. 맥아 와인의 비율이 높고(최소 15% 이상), 중성 알코올은 적게 사용한다.

코런베인(Korenwijn)

가장 오래된 예네버르로 맥아 와인을 51~70%까지 사용한다. 따라서 맛이 매우 강렬하다.

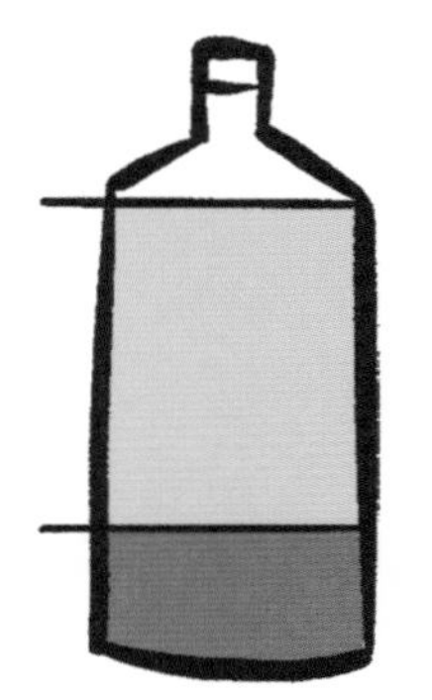

용어 예네버르(Jonge Jenever)

「젊은」 예네버르. 맥아 와인의 비율은 최대 15%이고 나머지는 중성 알코올로 채워서, 더 가볍고 마시기 편하다. 취향의 변화와 연속식 증류기의 등장에 부응하여 등장한 용어 예네버르는, 현재 예네버르 시장의 90%를 차지하고 있다.

예네버르도 숙성을 할까?

원래 예네버르는 화이트 스피릿으로 숙성을 하지 않으며, 증류가 끝난 즉시 병입하였다. 그러나 럼과 같은 다른 증류주의 영향과, 최근의 숙성을 선호하는 추세에 따라, 예네버르도 나무통에서 숙성 단계를 거치기도 한다.

블루칼라의 음료

전통적으로 예네버르의 소비는 프랑스 북부 피카르디 지역의 비스투이유(bistouille 또는 bistoule, 알코올을 넣은 커피)와 관련이 있다. 카페에서 예네버르를 조금 탄 커피를 마시고 정신을 차려서 일터로 나가는 것이다. 비스투이유는 몸을 따뜻하게 해주고, 어려운 환경에서 일하는 노동자들에게 의지와 용기를 불어넣었다. 예네버르는 힘들게 일하는 육체 노동자들의 술이었다.
지금은 더 이상 아침식사로 타르틴과 함께 예네버르를 마시지 않지만, 식후주 또는 식전주로 마신다. 예네버르는 됭케르크(Dunkerque) 카니발과도 관련이 있다. 카니발의 전통 칵테일 「디아볼로 플라망(Diabolo flamand)」은 예네버르와 리모나드(사이다)를 1:2의 비율로 섞어서 만드는데, 여기에 바이올렛 시럽을 몇 방울 떨어뜨리기도 한다.

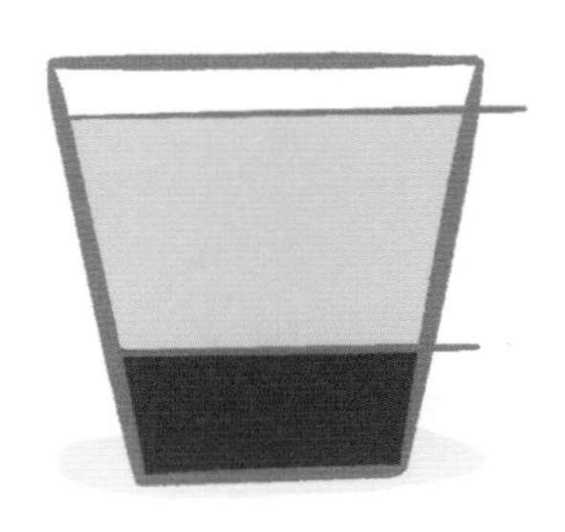

지리적 표시

예네버르는 역사적, 문화적으로 기여한 바를 인정받고 있으며, 유럽연합은 명시된 생산방식에 따라 11종의 예네버르를 특정하여 지리적 표시(Geographical indication)를 통해 보호하고 있다.
벨기에, 네덜란드, 프랑스 일부, 독일: 예네버르(Jenever 또는 Genever) 및 곡물 예네버르(Graanjenever 또는 Graangenever).
벨기에, 네덜란드, 독일 일부: 과일 예네버르(Vruchtenjenever, Jenever met vruchten 또는 Fruchtgenever).
벨기에, 네덜란드: 아우더 예네버르(Oude jenever 또는 Oude genever) 및 용어 예네버르 (Jonge jenever).
벨기에: 이스트 플랑드르 그레인 예네버르 (O'de Flander Echte Oost-Vlaamse graanjenever), 하셀트 예네버르(Hasseltse jenever), 발레험 예네버르(Balegemse jenever), 페케 드 왈로니(Pékèt de Wallonie 또는 Pèkèt de Wallonie).
프랑스의 2개 지방: 주니에브르 플랑드르 아르투아(Genièvre Flandre Artois).
독일의 2개 주: 오스트프리슬란트 곡물 예네버르 (Ostfriesischer Korngenever).
스위스에서도 예네버르(Genièvre)와 주라 예네버르(Genièvre de Jura)가 지리적 표시를 통해 보호받고 있다(유럽연합 인정).

INTRODUCTION

역사 속 진

파리는 하루아침에 만들어지지 않았고, 진도 다르지 않다. 진은 수 세기에 걸쳐 여러 사람의 힘으로 변화하며 지금에 이르렀다. 여기서는 진의 탄생과 발전에 관련된 발견과 주요 사건에 대해 알아본다.

1269
의학 분야에서 예네버르 사용. 이뇨제로 알려졌으며 간, 신장, 위의 감염 치료에 사용되었다. 네덜란드인 야코프 판 마를란트(Jacob van Maerlant)가 벨기에에서 쓴 『Der Naturen Bloeme(자연의 꽃)』에서 예네버르 사용을 언급하였다.

1400
유럽을 덮친 페스트를 비롯한 여러 전염병에 대한 방어 수단으로 사용되었다. 약으로 사용하거나, 마스크에 걸어서 질병을 막는 용도로 사용하였다.

1495
주니퍼베리 증류주 전문가였던 필립 더프가, 네덜란드의 부호 상인이 남긴 기록에서 최초의 진 레시피를 찾아냈다. 기록에는 희귀한 향신료들도 나와 있었지만, 무엇보다 중요한 점은 주니퍼베리를 확인한 것이다.

16세기
증류기술이 이탈리아에서 유럽 전역으로 확산되었다. 증류기술이 널리 퍼지게 된 것은, 1500년대에 출판된 히에로니무스 브라운슈바이크의 저서 『Liber de arte destillandi(증류기술 책)』 덕분이다.

1572
재능 있는 천재 의사 실비우스 드 부브(Sylvius de Bouve)가 주니퍼베리로 술을 만들었다. 당시 그의 높은 명성 때문인지 이 전설 같은 이야기는 아직도 많은 백과사전에 남아 있지만, 잘못된 이야기다.

1714
버나드 맨더빌의 『꿀벌의 우화: 개인의 악덕, 사회의 이익』에서 「진(Gin)」이라는 단어를 처음 사용하였다. 「네덜란드어로 주니퍼베리를 뜻하는 악명 높은 이 술은, 현재 단음절 진이라고 불리며 사람들을 취하게 만들고 있다.」

18세기
네덜란드에서 진 생산이 산업화되기 시작하였다. 1730년대에 네덜란드 스히담에는 120개가 넘는 증류소가 존재했다. 필요한 식물들은 암스테르담의 네덜란드 동인도 회사에서 공급받았고, 생산량의 85% 이상이 수출용이었다.

1720
영국의 반란법(British Mutiny Act)은 군인 숙소에서 증류를 허가하였다. 이러한 이유로 많은 여관 주인들이 증류를 시작하였다.

1717~1757
런던의 진 열풍. 이 시기 동안 진은 맥주를 대신하여 런던의 가난한 거리를 휩쓸었고, 세상은 매우 혼란스러웠다.

1723~1757
어머니의 파멸: 진을 파는 싸구려 술집 「진 조인트」에서는 처음으로 여성이 남성 옆에 앉아 술을 마시는 것이 허용되었다. 그로 인해 많은 어머니들이 아이를 버리고 매춘의 길에 빠져들었다.

1769
고든 증류소 설립.

1806
뉴욕의 신문에서 처음으로 「칵테일」이라는 단어를 정의.

1828
최초의 「진 팰리스(Gin palace)」 오픈. 가스 조명을 켜고 펍(Pub)과 경쟁하였다. 어두침침한 공간에서는 기본적으로 맥주를 팔았다.

1831
연속식 증류기가 등장하며, 드라이 진 스타일이 탄생하였다.

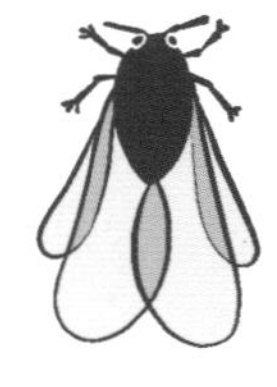

1863
필록세라가 유럽의 포도밭을 초토화. 와인과 브랜디 생산이 줄어들어, 진을 즐기는 사람이 많아졌다.

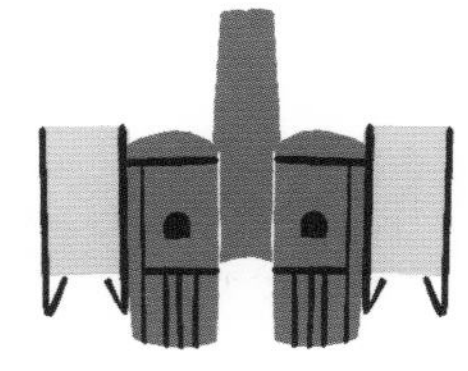

1575
세계에서 가장 오래된 주류 브랜드 볼스(Bols)가 암스테르담에 설립되었다. 볼스는 주니퍼베리 증류주 생산에 특화되어 있었고, 또한 세계 최초의 예네버르 브랜드가 되었다.

1585
영국 함대가 예네버르를 발견. 엘리자베스 1세는 스페인의 필리프 2세를 상대로 함대를 파견했는데, 영국 함대는 「네덜란드의 용기(Dutch Courage)」라는 이름의 예네버르를 들고 돌아왔다.

17세기
예네버르의 성공. 곡물 알코올과 맥아 와인을 혼합한 마우트베인(Moutwijn)에 주니퍼베리를 넣은 예네버르가, 모든 통증을 완화시키는 것으로 유명해졌다.

1691
프랑스의 위그노 난민 놀렛(Nolet) 가문이 네덜란드에 놀렛 증류소를 설립하고, 케텔원(Ketel One)이라는 예네버르를 만들었다. 케텔 원은 석탄을 넣는 오리지널 구리 증류기에서 따온 이름이다.

1695
페트루스 디 카이퍼(Petrus De Kuyper)가 증류주 및 맥주 운송에 필요한 나무통 제작 회사 디 카이퍼를 설립하였다. 1752년 디 카이퍼 가문은 스히담에서 증류소를 매입하였는데, 이후 이 증류소는 예네버르 생산의 중심이 되었다.

1729
영국 의회에서 관세와 면허세 인상 등의 내용을 포함하는 최초의 진 법령(총 8개 중 1개)을 도입하였다. 이 법령은 불법 증류업체가 번성하는 결과를 낳았다.

1733
제2차 진 법령(Gin Act) 도입. 일반 가게에서는 더 이상 진을 판매할 수 없고, 작은 선술집에서만 판매할 수 있게 되었다. 이후 수많은 가정집이 「진 숍(Gin Shop)」으로 개조되었다.

1734
영국에서 최초의 진 반대 캠페인이 벌어졌다. 이 캠페인의 타깃이 된 주디스 디푸어(Judith Defour)는 미혼모로, 어린 딸을 죽이고 그 옷을 팔아 진을 사는 만행을 저질렀다.

1751
제8차 진 법령 도입. 오스트리아 전쟁이 끝나고 런던으로 귀환한 영국 군인들은, 진에 취해 절도와 폭행을 일삼았다. 진 판매 면허 비용은 2파운드로 인상되었고, 더 이상 길거리에서 진을 팔 수 없게 되었다.

1757
최악의 추수 뒤, 기근에 대한 우려로 곡물 수출은 물론, 곡류를 사용한 증류도 전면 금지되었다. 증류소들은 수입 당밀을 사용해 증류를 계속하였다.

1884
O.H. 바이런의 『더 모던 바텐더즈 가이드(The Modern Bartender's Guide)』에, 마티니의 기원이 된 마르티네즈 칵테일이 소개되었다.

1890
병입한 진을 판매하기 시작하였다. 이전까지는 보통 나무통에 담긴 채로 유통되었다.

1919
네그로니 칵테일 발명.

1987
봄베이 사파이어 진 출시. 당시 진 판매는 하락세였지만, 봄베이 사파이어 진 덕분에 진 업계가 부활하기 시작하였다.

2008
유럽연합이 새로운 법안을 통해, 디스틸드 진(증류 진)과 런던 진을 구분하였다.

올드 톰 계략

18세기 진이 런던 시민들의 삶을 황폐하게 만들자, 영국 의회는 진의 폐해를 줄이기 위해 노력했다.
그러나 기발한 술수로 법망을 빠져나가는 사람들까지 막을 수는 없었다.
캡틴 더들리도 그들 중 하나로, 올드 톰(Old Tom) 계략으로 당국의 눈을 피해 진을 판매하였다.

스파이, 밀매업자가 되다!

올드 톰의 유래에 대해서는 많은 이야기가 있다. 그중에서도 가장 기상천외한 이야기는 아일랜드 출신 정보원에서 밀매업자가 된 캡틴 더들리 브래드스트리트(Dudley Bradstreet)와 관련된 이야기다. 그는 자신이 한 일을 너무나 자랑스럽게 여겨서, 1755년에 출판된 『캡틴 더들리 브래드스트리트의 삶과 기이한 모험』이라는 책에 자신의 무용담을 자세히 적었다. 육군 대위이자 정부의 스파이였던 더들리가 범죄에 뛰어들기까지, 그의 삶은 할리우드 시나리오에 버금가는 것이었다. 런던 시민들이 진을 원한다는 것을 안 더들리는, 진 법령의 허점을 찾아 진을 계속 판매할 계략을 꾸몄다. 더들리는 먼저 다른 사람 이름으로 런던 세인트 루크스 교구의 블루 앵커 앨리(Blue Anchor Alley)라는 조용한 거리에 집을 얻었고, 창문에 고양이(Old Tom Cat)가 새겨진 나무 표지판을 달았다. 고양이 발아래에는 납파이프가 몇 센티미터 정도 튀어나와 있었는데, 이 납파이프는 창문 안쪽의 깔때기와 연결되어 있었다. 그리고 더들리는 진을 13파운드 구입하였고, 「퍼스 앤 뮤(Puss & Mew)」라는 이름의 첫 번째 가게를 열었다.

교묘한 「올드 톰」 계략

손님이 창문을 두드리며 창틈을 통해 속삭인다. "퍼스, 진 2페니어치만 줘." 안쪽에서 "뮤(Mew)"라고 대답한다면, 판매할 진이 있다는 뜻이다. 손님이 고양이 입속에 있는 구멍으로 돈을 집어넣으면, 고양이 발밑으로 튀어나온 납파이프를 통해 진이 공급되었다. 손님은 컵을 대고 진을 받거나, 심지어는 진을 받기 위해 고양이 발밑에 직접 입을 갖다 대기도 했다.

당국이 대응하지 못하는 3개월 동안, 더들리는 이런 방법으로 이익을 챙겼다. 그의 계략은 성공을 거두어 런던 전역에서 진을 사러 찾아올 정도였다. 그러나 런던의 다른 거리에서도 너도나도 이 방법을 따라하는 바람에, 캡틴 더들리의 가게는 문을 닫을 수밖에 없었다.

소설 같은 이 이야기에 많은 사람이 의문을 제기하였다. 그들은 캡틴 더들리가 자신의 이야기에 지나친 연출을 첨가해 사실을 훼손한 것은 아닌지 의심하고 있다.

진의 위대한 이름

시타델

진보다 코냑으로 더 잘 알려진 코냑 지역의 중심부. 시타델(Citadelle)은 그곳에 위치한 샤토 드 봉보네(Château de Bonbonnet)에서 만드는 진이다. 이곳은 1996년부터 아티자날(Artisanal) 진을 만들기 시작한 증류소 중 하나로, 시타델 진의 역사는 코냑과 깊은 관계가 있다. 페랑 코냑(Ferrand Cognac)의 디스틸러들은 법적으로 해마다 10~3월에만 코냑을 증류할 수 있었다. 따라서 나머지 6개월 동안은 증류기를 가동할 수 없었는데, 도멘의 소유자였던 알렉상드르 가브리엘(Alexandre Gabriel)은 이것이 매우 불합리하다고 생각했다. 그는 예네버르 생산에 필요한 증류법을 공부하기 시작하였고, 됭케르크(Dunkerque) 기록보관소에서 19종의 식물을 72시간 동안 인퓨징하는 자신만의 레시피를 완성하였다. 이 방식을 이용하면 단계적인 인퓨징으로, 진에 들어가는 향신료들을 각각의 아로마 구성에 따라 우려낼 수 있다. 72시간이나 걸리는 긴 과정을 통해 얻은 결과는 과학적으로 입증되었고, 알렉상드르 가브리엘은 프랑스 진에 대한 연구 업적으로 특허를 취득하였다. 이 특허는 현재까지 진 인퓨징 방식으로 받은 유일한 특허이다.

혁신은 시타델 그 자체이다. 다양한 나무 수지를 이용하여 진을 숙성시키는 과거의 기술을 다시 살리고, 2m가 넘는 달걀모양 나무통 속에서 진을 블렌딩하며, 또 해마다 매우 한정적으로 생산하는 실험적인 에디션 등이 바로 그것이다.

25년이 지나 도멘 노동자들이 직접 건설에 참여하여 완성한 새로운 시타델 증류소는, 9대의 샤랑트식 증류기를 갖추었다.

INTRODUCTION

네덜란드 탐험가들의 역사

진의 역사와 네덜란드 탐험가들의 역사는 떼려야 뗄 수 없는 관계이다.
그들은 수 세기 동안 전 세계의 바다를 누비면서 국경 너머로 예네버르를 전파하였다.

네덜란드 동인도 회사

네덜란드인들은 동인도 제도를 손에 넣고 향신료 교역을 독점함으로써 강력한 해상강국을 건설하였다. 이렇게 된 데는 포르투갈인들로부터 정보를 빼돌린 얀 하위헌 판 린스호턴(Jan Huygen van Linschoten)의 역할이 컸는데, 동쪽으로 향하는 항로에 대한 그의 지침은 유럽의 모든 선장들 사이에서 하나의 가이드로 빠르게 자리를 잡았다.

1595년 암스테르담의 부르주아 계층 사람들은 동인도를 향해 첫 탐험에 나섰다. 왕복 2년 반의 여정이었는데, 탐험을 떠난 사람 중 겨우 1/4만이 생존해 돌아왔다. 이후 동양과 교역에 나서는 회사가 난립하며 서로 경쟁하자, 1602년 네덜란드 동인도 회사(VOC, Vereenigde Oostindische Compagnie)라는 이름으로 모두 합병하여 전 세계에 그 이름을 떨치게 되었다.

세계 무역 독점

17세기 해상무역은 지금처럼 단순하고 발달된 형태와는 거리가 멀었다. 그러나 VOC는 하나의 국가에 버금갈 만큼 막강한 위세를 떨쳤는데, 200척의 선박을 보유하고 1만 명 이상의 선원을 해외에 파견할 정도였다. 1602~1781년까지 4,000건 이상의 항해가 이루어졌으며 막대한 이익을 얻었다.

VOC는 모든 무역을 독점했을 뿐 아니라, 전쟁, 주권자와의 교섭, 해외 상관 설립, 재판, 화폐 발행 등의 권리까지 소유했다. 또한 보기 드물게 매우 정확한 지도를 제작하는(Mercator Projection) 사무소도 갖추었는데, 이를 통해 해상지도의 정확성이 획기적으로 향상되었다. 그리고 이러한 무역 독점 덕분에 주니퍼베리로 만든 예네버르를 네덜란드 국경 너머로 퍼트릴 수 있었다.

동시에 진행된 증류의 산업화

네덜란드는 아마도 대규모의 상업적 증류 산업을 발전시킨 최초의 유럽 국가였을 것이다. 1500~1700년 사이에는 각 마을마다 존재하는 여러 증류소에서 예네버르와 기타 주류, 또는 리큐어 등을 생산하였다. 이웃 국가들의 비난에 시달리면서도 계속되는 악천후 때문에 네덜란드는 그만큼 많은 주류를 생산하고 또한 소비하였다. 네덜란드는 특히 크게 성장하고 있었고, 필요한 재료는 모두 손에 넣을 수 있었다. 네덜란드인들은 바다를 지배했고, 동인도 회사와 서인도 회사의 선박들은 전 세계 곳곳에서 실어온 이국적인 식료품과 향신료를 끊임없이 항구에 풀어놓았다. 암스테르담은 설탕과 향신료가 특히 풍부한 항구도시이자 리큐어 생산의 중심지였다. 로테르담은 곡물로 유명했고 스히담은 예네버르 생산의 중심지가 되었다.

진을 몰아내는 차?

VOC는 중국에서도 성공적으로 자리를 잡았고, 새로운 상품인 차를 수입하게 된다. 차는 1610년 암스테르담에서 약용 식물로 처음 등장했고, 17세기 말에는 중국 선박의 화물에서 점점 더 차를 자주 볼 수 있게 되었다. 차 소비는 점점 증가했고 술을 대신하기에 이르렀다.

진을 만드는 데 유리한 향신료 독점

네덜란드는 인도에서 새로운 종류의 식민정책을 펼치기 시작하였다. 그것은 향신료 생산과 무역을 완전히 통제하는 것이었다. 공급을 제한하고 높은 가격을 유지하기 위해, 암본(Ambon)섬에서는 클로브(정향)를, 반다(Banda)제도에서는 넛메그(육두구)를, 스리랑카(Ceylon)섬에서는 시나몬(계피)을 특화시켜 재배하였다. 또한 향신료 가격이 떨어질 경우에는 화물을 바다에 버리는 일도 있었다.

향신료를 운반하는 선박들은 해적에 대비하여 최대한 안전을 확보하기 위해 16~20척의 선박이 선단을 구성하여 암스테르담을 출발하였고, 인도네시아의 여러 항구로 흩어질 때까지 함께 항해하였다.

예네버르 수출

예네버르는 네덜란드 사람들에게 매우 인기가 높았지만, 수출용으로도 마찬가지였다. 네덜란드 선박은 언제나 예네버르를 싣고 다녔는데, 증류주가 와인보다 운반하기 쉬웠기 때문이다. 17세기 초 네덜란드 선박 중에는 예네버르를 싣지 않은 선박이 없었다. 네덜란드와 영국 사이를 항해하던 선원들은 예네버르를 갖고 돌아갔다.

네덜란드의 빌럼(William) 3세가 영국 왕을 겸하게 된 뒤, 영국은 증류 산업을 발달시켜 진을 생산하기 시작했다. 진은 네덜란드의 예네버르와 매우 비슷한 맛으로, 클로브나 몰약으로 향을 내는 경우가 많았다.

빌럼 바렌츠의 항해

빌럼 바렌츠(Willem Barentsz)는 네덜란드 밖에서는 많이 알려지지 않았지만, 네덜란드 안에서는 그야말로 전설적인 인물이다. 그는 1594~1596년 사이 3차례의 항해에서 북동항로를 통해 중국으로 가고자 한 최초의 인물이다. 마지막 항해에서 그의 선박은 노바야젬랴(Novaya Zemlya)제도의 빙하에 가로막혔고, 17명의 선원들은 빙하에 갇힌 상태로 그들이 만든 오두막에서 긴 겨울을 나야 했다. 선원들은 살아남기 위해 여우를 잡아먹었다. 여름이 왔지만 타고 온 배는 다시 운항할 수 없는 상태였기 때문에, 선원들은 작은 배를 타고 노르웨이로 돌아가기로 결정한다. 거의 3,000㎞에 달하는 여정에서 12명의 선원이 살아남았지만, 바렌츠는 사망한 것으로 확인되었다.

그들의 이야기는 책으로 출간되어 유럽에서 엄청난 성공을 거둔 뒤 잊혀졌다. 이 비범한 탐험가를 기리며 그에게 헌정된 진이, 바로 지금도 존재하는 바렌츠 진이다.

INTRODUCTION

진과 금주법

다른 많은 주류들과 마찬가지로, 금주법은 진 시장에도 영향을 미쳤다.
그러나 일부는 약간의 술책과 기발한 아이디어를 동원해 법망을 피해가는 데 성공했고,
심지어 진 산업을 번성시키기까지 했다.

20세기 미국의 진

20세기 초 미국에서는 진이 유행하였고 다양한 계층의 사람들이 진을 소비하였다. 일부 진은 과거 약용으로 쓰인 사실을 활용하여, 산부인과적 문제를 겪고 있는 여성들을 대상으로 사용되었다. 심지어는 진을 우유나 뜨거운 물에 섞어서 마시도록 처방하는 일도 있었다. 「순수한 진은 많은 질병, 특히 비뇨기관에 효과적인 약품」이라는 등, 진의 의학적 효능을 주장하는 내용을 담은 광고도 쉽게 접할 수 있었다.
또한 진은 활력을 주는 약으로 널리 판매되었으며, 약국에서 처방전 없이 구입할 수 있다는 점이 강조되기도 하였다. 당시, 미국인들은 해마다 독주를 40ℓ 정도 소비하는 등 과도한 음주가 이루어지고 있었다.

금주법 시대란?

미국에서 1920~1933년에 주류 제조 및 판매 등이 금지되어, 대부분의 미국인들에게 술이 민감한 문제였던 시기를 말한다.

왜 미국에서 금주법이 시행되었을까?

미국의 많은 목회자들은 시민들의 도덕성을 향상시키고, 그중에서도 가장 살기 힘든 최빈곤층의 삶을 향상시키고자 하는 열망을 갖고 있었다. 또한 일부 여성들은 알코올 중독과 가정 폭력의 분명한 상관관계를 내세우며, 그러한 열망에 동참하였다.
전미 주류 판매 반대 동맹(Anti-Saloon League of America, ASLA)은 지역 및 주 차원에서 금주법을 추진하기 위해 기독교 세력을 동원하였다.
1917년 12월 22일 제18차 헌법 개정안이 발의되고, 1919년 미국 내 36개 주에서 이를 채택하였다. 이 법안은 의료용 음료, 미사용 와인, 또는 가정에서 만드는 음료를 제외한, 알코올 도수 0.5% 이상인 모든 음료의 제조, 판매, 운송을 금지하였다.

불법의 시작

그러나 미국의 소비자들은 금주법에 결코 찬성하지 않았다. 그래서 암시장이 생겨나기 시작했고, 암시장을 통해 공급되는 술은 주로 캐나다 등의 이웃 나라나 유럽에서 버뮤다, 바하마 같은 영국령을 거쳐 들어왔다. 캐나다, 프랑스, 영국의 술이 거점에 모이면 주류 밀수업자(당시 금지된 알코올 운송에 나선 선박)들이 그 술을 싣고 미국으로 운반했다. 이 술들은 암시장에서 금값에 거래되었다. 또한 주점과 바들은 「스피크이지(Speakeasy)」라고 부르는 불법 바에 빠르게 자리를 내주었다. 당시 뉴욕에만 3만 개 이상의 불법 바가 성행하고 있었다고 한다. 「진텔렉추얼(Gintellectual)」이라는 신조어도 등장하였는데, 이는 뉴욕의 칵테일 애호가 집단을 묘사하는 말이다.

진 브랜드의 적응

이 시기가 영국 진 증류소의 종말을 의미할 수도 있었다. 지역 갱스터 집단이 주류 공급을 통제하고 나섰는데, 그중 가장 유명한 인물이 술과 불법 바의 왕으로 알려진 알 카포네(시카고에 약 1만 개의 바를 소유하고 있었다)이다.

그런데 영국의 진 증류소들은 미국과의 거래를 중단하는 대신, 적응을 선택하였다. 예를 들면 디스틸러스 컴퍼니 리미티드(Gordon's and Tanqueray의 소유주)는 주류 밀수업자들이 짐을 싣고 캐나다를 통해 국경을 넘거나, 경로를 감추기 위해 독일을 거치게 하는 등, 몰래 미국에 들어갈 방법을 마련하였다.

배스텁 진의 탄생

일부 미국인들이 집에 있는 배스텁을 이용해 직접 술을 만들기 시작하면서, 배스텁 진(Bathtub Gin)이 탄생하였다. 배스텁 진은 보통 품질이 떨어지는 중성 알코올에 물, 주니퍼베리즙, 글리세린 등을 섞어서 만들었다.

한편, 배스텁 진은 욕조에서 만든 것뿐 아니라, 비전문적인 방식으로 생산되는 크래프트 주류 전체를 가리키는 말이기도 하다. 곡물 알코올, 물, 향료를 섞은 뒤 용기에 담아서 판매했는데, 술을 사는 사람들은 큰 용기를 원했지만 불법으로 몰래 거래해야 했기 때문에, 작은 용기에 담아 판매할 수밖에 없었다.

배스텁 진을 위한 칵테일!

배스텁 진은 보통 품질이 매우 떨어져서 그대로는 거의 마실 수 없는 수준이었다. 그래서 몇몇 바텐더들은 배스텁 진과 주스를 섞는 아이디어를 내놓았는데, 이 방법으로 단속을 당해도 알코올을 감지하기 어렵게 하고, 손님에게는 불쾌한 냄새를 가려주었다.

알고 있나요?

배스텁 진은 영국의 에이블포스(Ableforth's)사가 생산하는 진 브랜드의 이름이기도 하다. 이 진은 방향식물을 함께 증류하지 않고, 예전처럼 인퓨징하여 만든다.

INTRODUCTION

증류기

진을 만들기 위해 증류기가 반드시 필요한 것은 아니지만, 런던 드라이 진이나 디스틸드 진을 만들려면 증류기가 필요하다. 증류기를 통해 마법과 물리화학의 만남이 이루어진다.

역사

증류과정의 핵심인 증류기(알람빅)는 술을 만들기 이전부터 존재했다. 이전에는 향수, 약 또는 에센셜 오일을 만드는 데 쓰였다. 알람빅이라는 이름은 아랍어(Al-inbiq)에서 유래되었는데, 이는 「항아리」를 뜻하는 고대 그리스어 암빅스(Ambix)에서 비롯된 말이다.

기능

진을 증류할 때 증류기는 가열과 냉각을 통해 한 용액에서 특정 물질을 분리하는 역할을 한다. 방향식물의 종류나 증류기의 모양과 크기는, 완성될 진의 맛에 영향을 미치는 중요한 요소이다.

구리의 역할

증류기를 구리로 만드는 이유는 보기에 아름다울 뿐만 아니라, 구리가 촉매작용을 하고 열전도율이 뛰어난 금속이기 때문이다. 구리는 촉매작용으로 황화합물(썩은 달걀 냄새)과 퓨젤유(발효부산물)를 제거하고, 여러 가지 아로마와 과일향을 내는 데 도움이 된다. 알코올 증기가 구리와 많이 접촉할수록, 증류주는 더 가벼워지고 순도가 높아진다.

진에서 증류기의 중요성

증류기에서 나오는 증류액은 대부분 바로 병입되므로, 증류기 선택은 진의 품질에 결정적인 역할을 한다. 또한 진은 재증류 단계부터 진에 필요한 모든 아로마를 갖추어야 한다. 병입 후 숙성 단계에서는 진의 맛에 영향을 미칠 수 없기 때문이다.

증류기가 필요 없는 진?

일부 브랜드에서는 증류기가 필요 없는 컴파운드 진(Compound Gin, 합성 진), 또는 플레이버드 진(Flavored Gin, 가향 진)을 생산한다. 이들은 중성 알코올을 구입한 뒤 천연 또는 인공 향료를 첨가하여 진을 만드는데, 어떤 경우에는 주니퍼베리를 간단히 인퓨징하기만 해서 진을 만들기도 한다. 생산 과정의 대부분은 중성 알코올에 향을 더하는 과정이다. 이러한 타입의 진은 주로 단맛이 난다.

다양한 증류기

단식 증류기

16세기부터 사용된 단식 증류기(Pot Still)는 2번의 증류가 필요하다. 1차증류에서 도수가 낮은 술(알코올 도수 25~30%)이 만들어지면, 2차증류를 거쳐 최종 증류주를 완성한다. 2차증류에서 처음 나오는 초류(헤드)와 마지막으로 나오는 후류(테일)는 마시기에 적합하지 않으므로 제거하고, 중류(미들 컷)만 사용한다.
진의 경우, 1차증류로 얻은 중성 알코올 베이스에 방향식물을 넣은 뒤 단식 증류기에서 바로 재증류한다.

연속식 증류기

19세기에 이르러서야 연속식 증류기(Column Still)가 개발되었다. 기둥처럼 생긴 이 증류기에는 여러 개의 단(플레이트)이 설치되어 있어 연속적인 증류가 가능하다. 더 빠르고 경제적인 연속식 증류기는 원료만 계속 넣어주면 멈추지 않고 가동할 수 있다.

혼합식 증류기

사용하는 경우는 드물지만, 위의 2가지 형태를 혼합한 증류기도 있다. 1차증류한 진을 다시 정류하는 방식이다.

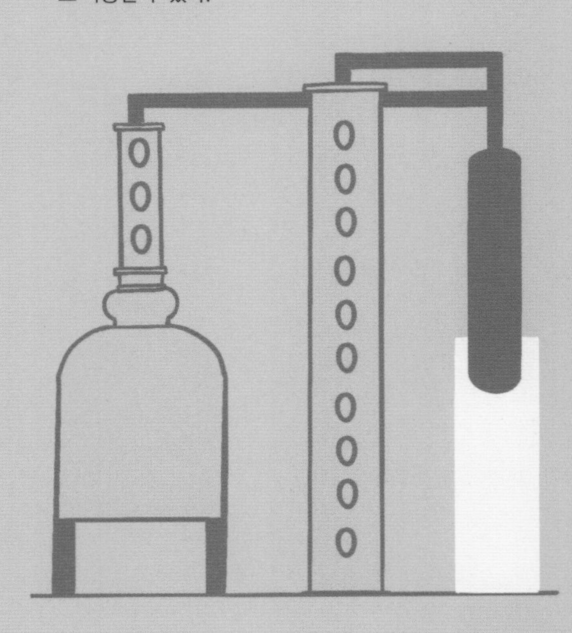

진은 어렵지 않아

증류소

LA DISTILLERIE

우리는 여전히 납으로 금을 만드는 비법을 알지 못한다. 그러나 주니퍼베리로 진을 만드는 것이라면 얼마든지 가능하다. 그리고 우리 입장에서는 이쪽이 훨씬 더 흥미롭다. 또한 진을 만드는 데는 한가지 방법만 있는 것이 아니다. 이 챕터에서는 여러분이 마실 진을 만들기 위해, 전통과 현대를 오가는 진 연금술사들의 발자취를 조르주 할아버지와 함께 따라가보자.

진은 어렵지 않아

CHAPTER 2 : 증류소

원료

진을 만들기 위해서는 많은 원료가 필요하지 않기 때문에, 언뜻 보기에는 간단해 보일 수 있다. 그러나 원료의 품질과 조합 기술에 따라 싸구려 진과 고급 진의 차이가 발생한다. 진에는 정해진 레시피가 없다. 아로마 에센스를 얻을 수 있는 원료라면 무엇이든 사용할 수 있다.

무엇이 필요할까?

진을 만들기 위해서는 아래의 2가지 원료가 필요하다.

- 중성 알코올(중성 주정)
- 방향식물(주로 주니퍼베리)

여기서 「방향식물」이라고 부르는 카테고리는 뿌리, 열매, 씨앗, 향신료, 베리류, 견과류, 나무나 과일의 껍질, 허브류를 모두 포함한다.

수많은 레시피

각각의 진에는 저마다 다른 방향식물 조합 레시피가 있다. 또한 진은 다양한 풍미를 추가하거나 추출하는 방식의 차이에 따라 구분한다.
클래식 진을 만드는 데 사용되는 방향식물은 서로 다른 재료들의 풍미를 강조하고 보완하는 역할을 하는 동시에, 고유의 풍미로 독자적인 진의 맛을 완성한다.
일반적으로 각각의 방향식물은 풍미뿐 아니라 조화, 질감, 맛에 미치는 영향에 따라 선택된다. 초기에는 진 제조에 사용되는 식물을 의학적 효능에 따라 선택하기도 하였다.
하나의 식물을 첨가함으로써 얻는 결과는 식물의 산지, 식물의 신선도, 증류 또는 추출 방식 등에 따라 달라진다.
진에 사용되는 방향식물은 보통 아래와 같은 풍미 및 아로마 카테고리로 분류한다.

첨가물

진 제조사는 증류 후 첨가물(향료)을 사용하여 레시피에 추가로 변화를 줄 수 있다(런던 드라이 진 제외). 첨가물은 다양한 형태로 사용할 수 있다.

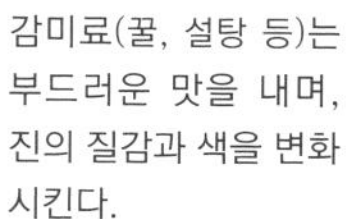

감미료(꿀, 설탕 등)는 부드러운 맛을 내며, 진의 질감과 색을 변화시킨다.

오이 에센스 같은 식물의 에센스나 증류액은, 증류 과정에서 얻기 힘든 악센트를 풍미에 더해준다.

진에 관한 규정

진에 관한 규정은 국가와 지역에 따라 다르다. 프랑스에서 적용되는 유럽연합의 증류주 규정(Regulations on Spirit Drinks)은 증류주에 「진」이라는 이름을 붙이기 위한 조건을 명시하고 있다. 또한 정의와 설명, 제시를 통해 진의 범위뿐 아니라 진병에 붙이는 라벨이 지켜야 하는 원칙에 대해서도 규정하고 있다.

제품을 「진」으로 판매하기 위해서는, 알코올 함량이 최소 37.5% 이상이어야 한다. 37.5% 미만, 15% 이상인 경우에는 「증류주」라는 이름을 사용해야 한다. 유일한 예외는 슬로진(Sloe Gin)으로, 알코올 도수가 37.5% 이하지만 「진」이라는 이름을 사용할 수 있다.

진, 디스틸드 진, 런던 진

유럽연합의 증류주 규정은 진, 디스틸드 진, 런던 진(런던 드라이 진)의 법적 정의를 명시하고 있다 (ANNEX I CATEGORIES OF SPIRIT DRINKS 20~22 / 유럽연합 관보 / 2019년 5월 17일).

진

진은 농산물을 원료로 만든 에틸알코올에 주니퍼베리(*Juniperus communis* L.)를 사용하여 향을 낸, 주니퍼베리 풍미의 증류주이다.

알코올 도수는 37.5% 이상이어야 한다.

진 제조에는 가향물질이나 가향제제(가향을 목적으로 가공된 물질)를 단독으로 또는 함께 사용할 수 있으며, 주니퍼베리의 풍미가 우세해야 한다.

최종 제품 1ℓ당 전화당으로 표기된 감미료의 첨가 비율이 0.1g을 넘지 않는 경우, 「진」에 「드라이」라는 용어를 추가할 수 있다.

디스틸드 진

디스틸드 진(증류 진)은 다음과 같은 증류주를 말한다.

- 주니퍼베리로 향을 낸 증류주로, 농산물을 원료로 만든 알코올 도수 96% 이상인 에틸알코올의 증류를 통해서만 생산되고, 주니퍼베리(*Juniperus communis* L.) 및 기타 천연 식물을 함유하며, 주니퍼베리의 풍미가 우세해야 한다.
- 위의 증류 결과물과 동일한 구성, 동일한 순도, 동일한 알코올 도수를 가진 농산물을 원료로 만든 에틸알코올을 조합한 것도 디스틸드 진이라고 한다. 진의 경우와 마찬가지로 디스틸드 진 제조에는 가향물질이나 가향제제를 단독으로 또는 함께 사용할 수 있다.

알코올 도수는 37.5% 이상이어야 한다.

농산물을 원료로 만든 에틸알코올에 단순히 에센스 또는 향료를 첨가하여 만든 진은 디스틸드 진으로 볼 수 없다.

최종 제품 1ℓ당 전화당으로 표기된 감미료의 첨가 비율이 0.1g을 넘지 않는 경우, 「디스틸드 진」에 「드라이」라는 용어를 추가하거나 포함할 수 있다.

런던 진

런던 진은 디스틸드 진에 속하며, 다음의 조건을 충족시켜야 한다.

- 오직 농산물을 원료로 한 에틸알코올로 만들고, 100% 알코올 1헥토리터당 메탄올의 최대 함량은 5g이며, 아로마는 농산물을 원료로 만든 에틸알코올과 사용하는 모든 천연 식물 원료의 증류를 통해서 얻는다.
- 증류액의 알코올 도수는 70% 이상이어야 하며, 첨가하는 농산물로 만든 에틸알코올은 「증류주 규정 제5조 농업용 에틸알코올의 정의 및 요건」에 명시된 요구사항에 부합해야 한다. 그러나 100% 알코올 1헥토리터당 메탄올의 최대 함량은 5g이다.
- 색소를 첨가하지 않는다.
- 최종 제품 1ℓ당 전화당으로 표기된 감미료의 첨가 비율이 0.1g을 넘지 않는다.
- 위에서 언급한 원료와 물 외에 다른 어떠한 원료도 넣지 않는다.

알코올 도수는 37.5% 이상이어야 한다.

「런던 진」은 「드라이」라는 용어를 추가하거나 포함할 수 있다.

베이스가 되는 중성 알코올

진을 만들기 위해서는 알코올(주정)이 필요하다. 그러나 위스키, 테킬라 등 다른 증류주와 달리,
진을 만드는 베이스 알코올은 최대한 중성이어야 한다.
많은 사람들이 중성 알코올을 거장이 그림을 그릴 때 필요한 캔버스에 비유하곤 한다.
이것이야말로 특별할 것 없어 보이는 중성 알코올이 반드시 필요한 이유이다.

진짜 중성 알코올?

유럽의 진에 관한 규정에 의하면, 진은 주니퍼베리로 향을 낸 증류주로 「농산물을 원료로 만든 에틸알코올」로 만든다.
이것은 중성 알코올을 곡물, 사탕무, 와인, 감자, 당밀 등의 농산물로 만들 수 있다는 뜻이다. 그러나 무엇보다 중성 알코올은 「사용한 원료의 맛 외에는 감지할 수 있는 어떤 맛도 없으며, 최소 96% 이상 증류한 알코올」로, 최대한 중성적인 알코올을 의미한다.
이러한 정의는 때때로 모순된 상황을 만든다. 소규모 크래프트 진 생산자들은 최대한 중성적인 알코올을 만들기 위해 많은 비용을 들여 직접 중성 알코올을 만들기보다는, 대기업에서 중성 알코올을 매입하는 것을 선호한다. 그렇다면 우리가 마시는 크래프트 진을 진짜 크래프트 진이라고 할 수 있을까? 각자의 판단에 맡긴다.

중성 알코올은 어떤 원료로 만들까?

역사적으로 보면 추운 지역에서는 증류주의 기본 원료로 곡물을 사용하고, 따뜻한 지역에서는 과일과 허브류를 사용하였다. 진이 탄생한 유럽에서는 곡물로 만든 중성 알코올이 시대를 막론하고 인기를 누렸다.
오늘날 중요한 문제는 진 생산자를 위한 중성 알코올의 원가이다. 접근 가능한 수준의 원가 덕분에, 전 세계 시판 진의 98% 이상이 발효 곡물로 만든 중성 알코올을 사용하고 있다.
일부 브랜드는 마케팅을 위해서든 다른 텍스처를 제공하기 위해서든, 소비자의 눈길을 끌기 위해 좀 더 색다른 원료를 선택하기도 한다. 감자로 만든 체이스(Chase) 보드카, 포도로 만든 지바인(G'vine) 진이 여기에 해당된다. 순수 중성 알코올은 곡물, 옥수수, 포도, 사탕무, 사탕수수, 알뿌리식물, 또는 다른 발효된 식물 원료로도 만들 수 있기 때문에, 당분 또는 전분이 풍부한 식물이라면 무엇이든 원료로 사용할 수 있다.

원료가 중성 알코올에 미치는 특성

옥수수와 밀

허브류를 위해 빈 캔버스를 제공한다.
매우 미세한 단맛을 내므로,
과감한 특징과 스파이시한 향이 있는
진에 이상적이다.

맥아화하지 않은 보리

보드랍고 매끈한 질감과 바닐라의 크리미함,
그리고 약간의 감귤류향이 생긴다.

보리맥아

보리맥아의 복합적인 요소를 전달하며,
주니퍼베리와 비슷한 느낌을 낸다.
아니스 또는 펜넬의 터치가 느껴지며,
숙성시키지 않은 위스키를 연상시킨다.

호밀

부드러운 맛, 나뭇잎과 허브의 향도
살짝 느껴진다. 오일 같은 끈적한 질감과
스파이시하고 매콤한 향도 생긴다.

쌀

질감에 복합성, 가벼움, 그리고
선명함을 불어넣는다.
과즙의 풍미를 낸다.

포도

과일향이 풍부하며,
입안을 부드럽게 채우는 느낌,
말린 과일과 꽃의 향기가 느껴진다.

사과

복합적이고 신선하며,
가벼운 산미가 생긴다.

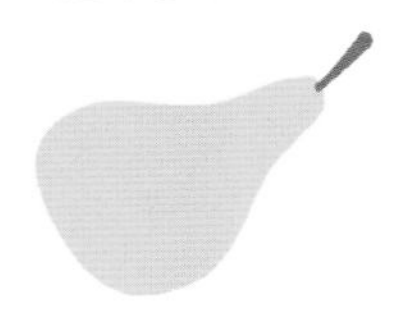

배

상큼함, 가벼운 꽃향기,
녹색 과일 껍질의 향이 느껴진다.

사탕수수 또는 당밀

입안에서 부드럽고 끈적한 느낌을 준다.

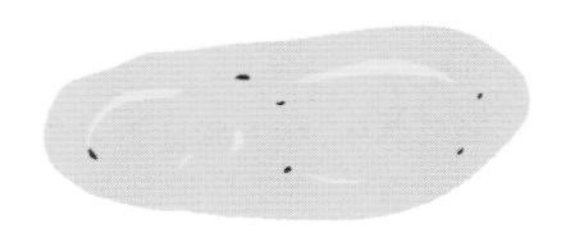

감자

부드럽고 크리미한 질감과 유연하고 긴 여운,
풍부한 과일향과 꽃향기가 생긴다.

귀리

부드럽고 크리미한 질감과
플로럴한 허브향이 생긴다.

아가베

짭짤한 맛과 훈연향이 나며
깔끔한 식물의 향과 상큼한 노트가 있다.

메이플 수액

부드러움과 캐러멜의 노트가 생긴다.

유청

묵직하고 리치한 느낌을 유지하며,
스파이시한 노트가 악센트를 준다.

중성 알코올은 어떻게 만들까?

지금은 소수의 진 생산자만 직접 증류를 하는 실정이다. 왜냐하면 중성 알코올 증류 단계에는 특별한 것이 없기 때문이다. 따라서 대부분의 경우 외부의 산업형 증류소에서 증류를 진행한다. 증류는 알코올 도수 96%에 가까운 「최상급」 알코올(농산물을 원료로 만든 에틸알코올)용 연속식 증류기에서 이루어진다. 증류업자는 이렇게 만든 중성 알코올을 인가를 받은 사업자(세관에 등록되고 창고업자로 승인을 받은 업체)에게 판매한다.

중성 알코올의 가격은?

물론, 가격은 원료 가격에 따라 달라질 수 있다. 그러나 중성 알코올이 진의 필수 재료임에도 불구하고, 농산물을 원료로 만든 에틸알코올 1ℓ의 가격은 50상팀(한화 약 700원, 2024년 3월 기준)에 미치지 못하는 경우도 있다. 하지만 사실 반 고흐가 사용한 캔버스 값에 대해 따지는 사람은 없다. 캔버스 값에 상관없이 고흐의 그림은 걸작이기 때문이다.

보드카로 진을 만든다?

만약 위의 내용을 읽은 뒤 나만의 진을 만들고 싶어졌다면, 농산물로 만든 에틸알코올은 개인이 쉽게 구입할 수 없다는 사실을 알아두자. 그래도 나만의 진을 만들고 싶다면 보드카를 중성 알코올처럼 사용하는 방법도 있다. 단, 지나치게 자극적인 싸구려 보드카를 선택하지 않도록 주의한다. 그런 보드카를 사용하면 진을 마신 뒤 두통에 시달릴 수 있다.

진의 위대한 이름

봄베이 사파이어

레트로 스타일의 파란 병, 인도가 영국의 식민지였던 시기에 봄베이(지금은 뭄바이)로 향하던 긴 여행을 연상시키는 이름. 봄베이 사파이어(Bombay Sapphire)가 처음 등장한 것은 1987년이다. 1761년 24세의 영국인 토마스 다킨(Thomas Dakin)은 고향 이름을 딴 「워링턴 진(Warrington Gin)」을 출시하였다. 그는 10가지 허브를 사용하였고 알코올 증기에 의한 혁신적인 증류 과정을 선택했는데, 워링턴 진은 빠르게 큰 성공을 거두었다. 그 다음은 프랑스인 미셸 루(Michel Roux)로, 그는 1980년대에 진 시장에 진출하였다. 미셸은 진의 부활을 위해 「봄베이 오리지널」 레시피를 발전시켰다. 2년 동안 연구한 끝에 그는 주니퍼베리, 감초, 레몬 제스트, 계수나무 껍질, 고수씨, 아이리스 뿌리, 안젤리카 뿌리, 아몬드를 사용하는 오리지널 레시피에, 멜레게타(Melegueta, 생강과에 속하는 여러해살이풀. 그레인 오브 파라다이스라고도 한다)와 쿠베브(Cubeb, 둥글고 검은 갈색 열매를 맺는 후춧과 식물)를 추가하였다.

그는 또한 이름에 「사파이어」를 붙이고 파란색 필름으로 병을 감쌌는데, 이것이 바로 봄베이 사파이어 진의 특징인 파란색 병이다. 봄베이 사파이어는 모두가 보드카에 열광하던 시절, 진이라는 카테고리를 살려냈다.

이제 딕 브래드셀(Dick Bradsell)에 대해 이야기할 차례다. 그는 신세대 믹솔로지스트들의 멘토로, 지금은 유명해진 브램블(Bramble) 같은 새로운 칵테일을 탄생시켰다.

1997년 봄베이 사파이어는 바카디(Bacardi)사에 매각되었다. 바카디사는 레이버스토크 공장(Laverstoke Mill)을 사들여 새로운 증류소를 지었는데, 토마스 헤더윅(Thomas Heatherwick)이 디자인한 멋진 온실이 있는 곳으로 유명하다.

주니퍼

진 제조에서 핵심적이고 필수적인 재료는 주니퍼베리다.
주니퍼베리 없이는 진도 존재할 수 없다. 주니퍼베리는 중성 알코올을 더욱 복합적인 증류주로 탈바꿈시킨다.
다른 방향식물을 첨가하여 향을 추가하더라도, 주니퍼베리가 가장 중요하고 구조적인 역할을 한다.

오랜 역사

주니퍼베리는 매우 오랜 역사를 가졌다. 기원전 1550년, 이집트인들은 파피루스에 주니퍼나무가 소화불량, 요로감염 및 부종을 완화시킨다고 적었다. 고고학자들 또한 유럽의 묘지에서 주니퍼베리를 발견했다. 로마에서는 주니퍼베리가 비싸고 구하기도 어려운 후추의 대체품으로 쓰였다. 그래서 주니퍼베리는 「가난한 자들의 후추」라는 별명을 얻게 되었다.

주니퍼란?

「주니퍼나무」는 향나무속에 속하는 늘푸른바늘잎나무(상록침엽수)로 세계적으로 60종이 넘게 분포한다.
주니퍼베리는 그중 편백나무, 측백나무와 같은 과에 속하는 가시가 많은 떨기나무(관목)의 열매다. 주니퍼나무의 작은 비늘이 여름을 나며 통통해지면서 원추형 열매가 되는데, 이것을 「주니퍼베리」라고 부른다.
주니퍼베리는 손으로 따는 경우가 많은데, 나뭇가시에 찔릴 수 있으므로 주의해야 한다. 장갑을 낀 다음 열매 밑에 체를 대고 가지를 흔들면, 잘 익은 베리만 체 안으로 떨어진다. 열매는 진한 파란색인데 익는 데 2년이 걸린다. 주니퍼나무는 프랑스 전역에서 찾아볼 수 있으며, 가장 널리 퍼져 있는 것은 두송(*Juniper communis*)으로 프랑스 북부에서는 보호종으로 지정되어 있다. 한국의 노간주나무도 주니퍼나무에 속한다.

주니퍼가 자란다

진에 사용되는 주니퍼베리는 보통 이탈리아, 세르비아, 마케도니아, 인도에서 생산된다. 그중에서도 최상의 주니퍼베리는 토스카나와 마케도니아의 구릉지대에서 자란다. 아시아산 주니퍼베리는 유럽산보다 값이 싸고 크기가 훨씬 크며, 유럽산은 색깔이 더 진하고 청자색을 띤다. 유럽산 주니퍼베리는 10~2월 사이에 손으로 수확한다.

이로운 식물

주니퍼베리는 예로부터 건강을 지키기 위한 목적으로 쓰였다. 특히 히포크라테스는 출산에 도움이 된다는 이유로 주니퍼베리를 추천했고, 그리스 의사들은 콩팥과 폐를 깨끗하게 한다고 권장하였다. 여러 전염병이 유행하는 동안, 의사들은 병원 앞에서 주니퍼나무를 태우고 마스크에 열매를 달기도 했다. 지금도 산간지역의 주민들은 나쁜 기운을 몰아내기 위해 헛간이나 집안에서 주니퍼나무의 가지를 태우기도 한다.

주니퍼베리의 효능

주니퍼베리를 소량 사용하면, 다음과 같은 효능이 있다.

- 신경계에 활기를 준다.
- 식욕과 소화를 촉진시킨다.
- 간세포를 자극한다.
- 소화불량과 복부팽만을 완화시킨다.

1000가지 맛을 지닌 식물

주니퍼베리는 중성 알코올과 결합하여 소나무, 숲, 후추, 레몬, 향신료, 민트 등의 향을 더해준다.

아로마 분자의 비율은 주니퍼나무의 종류에 따라 다르다. 또한 나무가 자라는 장소에도 영향을 받는다. 그래서 진 생산자들은 보통 지정된 주니퍼베리 채집자를 통해 직접 열매를 공급받는다(다른 방향식물의 경우에도 마찬가지이다).

주니퍼베리와 그 오일에는 70가지의 다양한 성분이 함유되어 있으며, 연구에 따르면 주요 성분은 아래와 같다.

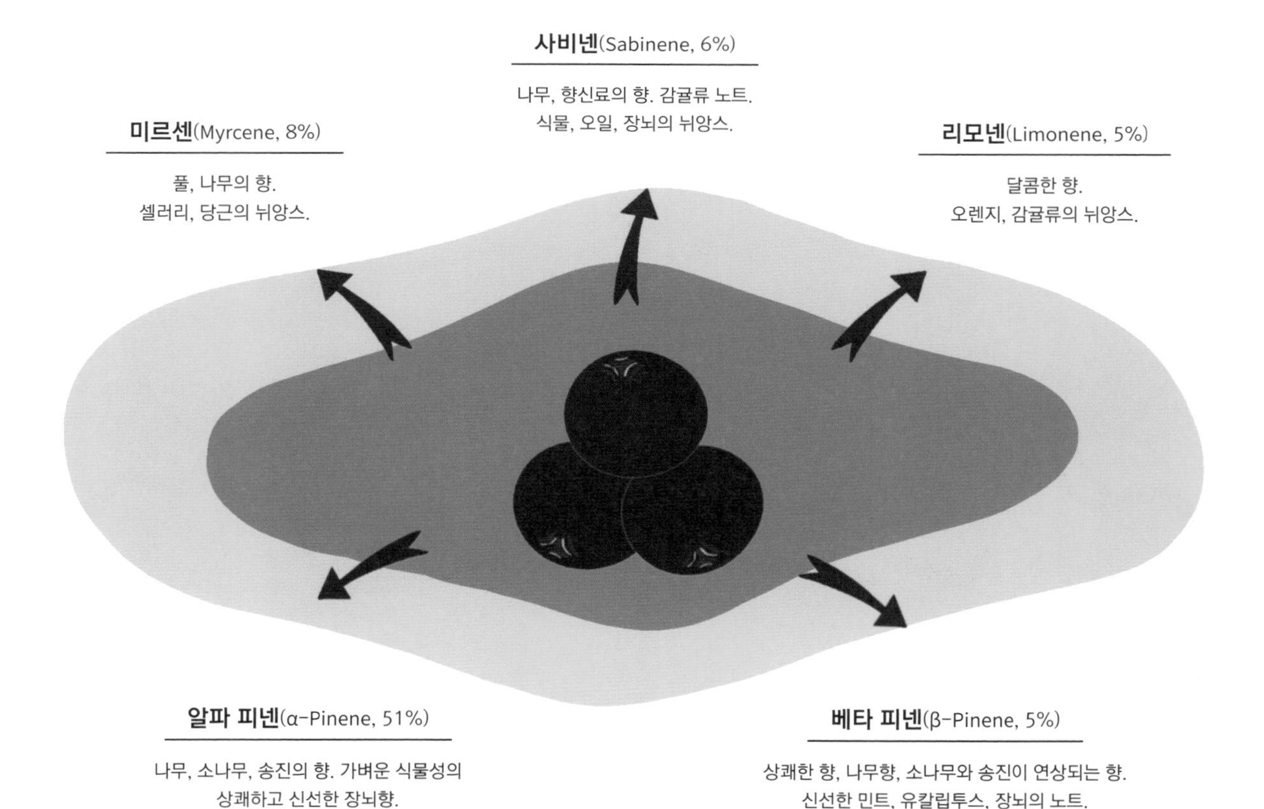

고수

진을 제조할 때 주니퍼 다음으로 가장 많이 사용되는 방향식물로 고수가 있다.
더 정확히 말하자면 진을 만들 때 사용하는 것은 고수풀의 씨앗으로「코리앤더」라고도 한다.
고수씨는 진에 사용되는 여러 식물 중에서도 높은 비중을 차지하며, 대부분의 진에 사용된다.

고수란?

고수는 독특한 풍미가 있어 쉽게 구분할 수 있는 방향식물이다. 원산지는 지중해 지역인데 이집트에서는 3,500년 전부터 재배해왔다. 그리스에서는 약으로 쓰였고 로마인들은 보존제로 사용하였다. 고수풀은 평평한 모양이며, 열매(씨)를 말리면 머스크와 레몬 계열의 부드러운 향이 난다. 고수를「차이니즈 파슬리」라고도 하는데, 아시아 요리에 많이 쓰이기 때문이다. 영양적인 면에서는 건강에 도움이 되는 비타민K와 항산화 물질의 공급원이다.

고수풀 vs 고수씨

「고수」라는 말만 들어도 질겁하는 사람이라면 일단 안심해도 좋다. 진에 사용하는 고수는 풀이 아니라 씨앗이다. 좋은 소식은 고수씨는 풀과 매우 다르다는 것이다. 고수씨는 진에 가벼운 감귤류(레몬, 레몬 제스트, 라임) 노트와 섬세하고 스파이시한 노트를 더해준다.

고수는 상업용 작물로, 흰 꽃이 핀 뒤 씨앗이 맺혀서 수확할 때까지 자란다. 씨앗은 세균 번식을 막고 안전한 상태로 보관하기 위해 건조된 상태로 증류소에 도착한다.

고수는 어디에서 왔을까?

진 제조에 사용되는 고수는 주로 2곳에서 공급된다.

- **모로코**: 2월에 심고 5월에 수확한다.
- **동유럽(루마니아)**: 2월에 심고 7월부터 수확하기 시작한다.

동유럽의 생육기간이 더 길기 때문에 동유럽산 고수씨가 모로코산보다 에센셜 오일의 함유량이 0.8~1.2% 정도 많다. 이 오일의 함유량에 따라 향의 강도가 결정되는데, 고수씨의 에센셜 오일은 주로 리날로올(Linalool, 70%)로 이루어져 있다. 부드러움, 스파이시함, 향긋함과 함께 라벤더 맛도 난다. 주니퍼베리에 있는 알파 피넨(α-Pinene)도 함유되어 있는데, 여기서 고수와 주니퍼베리가 잘 어울리는 이유를 알 수 있다. 마지막으로 감마 테르피넨(γ-Terpinene, 10%)은 감귤류 노트를 낸다.

고수씨의 풍미는 산지에 따라 달라진다. 예를 들어, 불가리아산 고수씨는 모로코산에 비해 매운맛이 훨씬 강하다. 이것은 어느 한쪽이 더 우수하다는 뜻은 아니지만, 요리할 때 더 선호하는 맛의 향신료가 있는 것처럼 선호하는 산지가 있을 수 있다. 일부 제조사들은 진 레시피에 2가지 고수씨를 모두 사용하기도 한다.

그 밖에도 다른 특성을 가진 고수씨를 생산하는 산지도 많이 있다. 북부에서 재배된 고수씨는 오일이 풍부하고 거의 과일향에 가까운 향이 나지만, 많은 증류소들은 스페인 남부산을 더 선호한다. 더운 날씨가 길게 이어짐으로써 클래식한 향신료향과 가벼운 레몬향이 있는 노트가 생기기 때문이다.

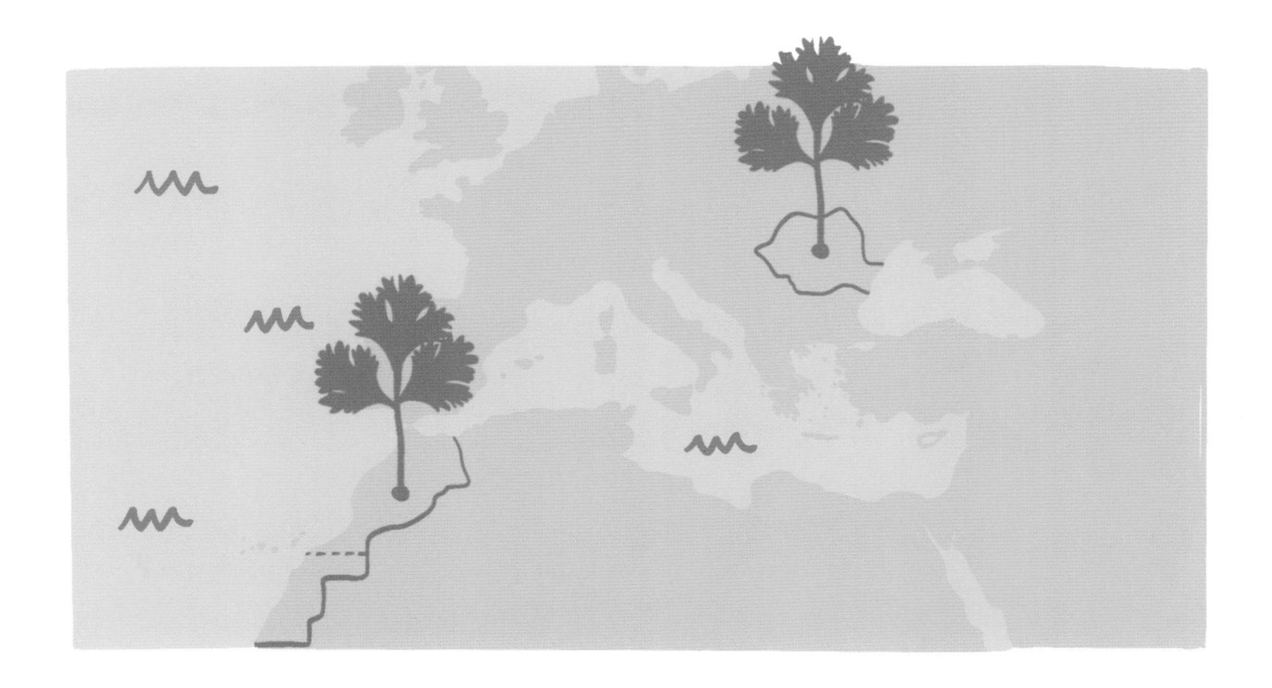

고수씨 : 진의 필수 재료!

고수씨가 감귤류와 향신료의 노트를 낸다면, 왜 직접 감귤류나 향신료를 사용하지 않을까? 왜냐하면 고수씨는 드라이함을 더해 다른 풍미를 강조해주기 때문이다. 런던 드라이 진의 드라이함을 떠올려 보자.

또한 고수씨는 진하고 강한 맛을 가진 주니퍼베리와도 특별한 관계가 있어서, 그 자체는 섬세하지만 조화를 통해 진 제조자들이 원하는 밸런스와 구조를 완성한다.

고수씨의 다양한 활용법

고수씨를 있는 그대로 사용할 수도 있지만, 일부 제조사에서는 침용 전에 굽기도 하고, 으깨서 쓰는 경우도 있다. 갓 압착한 고수씨의 냄새를 흡입할 경우, 마취 효과를 경험할 수도 있다.

레몬

감귤류는 일상에서 흔히 사용되며, 레몬 역시 잔 가장자리를 장식할 뿐 아니라 레시피에 이르기까지, 진 제조 과정에서 특별한 위치를 차지하고 있다. 전 세계에서 생산되는 진의 1/3이 레시피에 레몬을 사용하는 것으로 추정된다.

레몬의 원산지는 아시아?

아시아 원산의 레몬은 인도에서 태어났다. 이탈리아를 통해 레몬나무가 유럽에 소개된 것은 로마시대이지만, 실제로 경작이 시작된 것은 르네상스시대부터이다. 1493년 크리스토퍼 콜롬버스가 레몬을 아메리카대륙으로 가져간 뒤, 이탈리아 북부 제노바에서 레몬 재배가 시작되었다. 유럽 내에서 처음으로 실질적인 레몬 재배가 이루어진 것이다.

레몬나무

레몬나무(*Citrus limon*)는 운향과의 늘푸른나무로 분홍빛이 도는 흰색의 예쁜 꽃이 핀다. 나무가 크지 않아 오래 전부터 장식용으로 인기가 많았다. 친숙한 타원형 열매는 새콤한 맛, 높은 산도와 비타민 C 함유량 덕분에 요리용이나 약용으로 매우 다양하게 쓰인다.

진 속의 레몬

일반적으로 사용하는 부분은 레몬껍질로, 껍질에 향이 풍부한 오일이 많이 함유되어 있기 때문이다. 대부분의 증류소에서는 스페인산 레몬을 사용하는데, 스페인에서는 레몬껍질을 통째로 하나의 띠처럼 벗긴 뒤 바로 햇빛에 말린다.

말린 껍질? 아니면 생껍질?

마스터 디스틸러의 결정에 따라, 레몬껍질은 말린 상태로, 또는 생으로 사용되기도 한다. 말리지 않은 레몬껍질은 더 풍부한 맛을 내고 진을 더 화려하게 만들어주며, 말린 껍질은 머랭을 올린 레몬 타르트 같은 노트를 준다. 일부 증류소에서는 더 짜릿하고 신선한 진을 만들기 위해 증류기에 레몬을 통째로 넣기도 한다.

레몬이 주인공이 될 때

진을 만들 때마다 뒤로 밀려나던 레몬이 설욕에 나섰다. 봄베이 사파이어에서 출시한 최신 진 중 하나인 「봄베이 사파이어 프리미어 크뤼 무르시안 레몬 진(Bombay Sapphire Premier Cru Murcian Lemon Gin)」은 레몬을 전면에 내세웠다. 그러나 그냥 흔히 보는 레몬이 아니다. 풍부한 맛을 자랑하고 장인의 손길로 손질한 무르시아 레몬을 사용하였다. 무르시아 레몬의 껍질은 에센셜 오일의 손실을 최소화하기 위해 기계를 사용하지 않고 손으로 벗기는데, 전체 껍질을 한 번의 연속동작으로 조심스럽게 벗겨낸다. 이렇게 벗겨낸 향기로운 레몬껍질을 바로 매달아서 햇빛에 자연 건조시키면 강렬한 향을 내뿜는다.

감귤류 없는 감귤류 노트?

진에서 감귤류 노트를 느꼈다고 해서 진 레시피에 그만큼의 감귤류를 사용했을 것이라고 성급하게 결론짓지 말자. 사실 진에 사용되는 주니퍼베리나 안젤리카 뿌리 같은 다른 클래식한 식물 원료에도 충분한 리모넨이 들어 있다. 그렇기 때문에 레몬 등 감귤류를 전혀 넣지 않은 일부 진에서도 감귤류 맛이 날 수 있다.

그거 아세요?

영국 해군은 괴혈병을 예방하기 위해 레몬즙을 사용했고, 나중에는 훨씬 저렴한 라임즙으로 대체하였다.

오렌지

오렌지는 아침식사에 어울리는 이상적인 비타민 C의 공급원이지만,
진 레시피에 꾸준히 등장하는 방향식물 중 하나이기도 하다.

오렌지의 역사

수천 년 전 동남아시아에서 탄생한 오렌지는 15세기에 대항해시대가 시작되며 유럽에서 인기를 얻기 시작했다.
최초로 오렌지의 흔적이 나타난 것은 기원전 2200년 중국이다. 이후 오렌지 재배지가 조금씩 서쪽으로 퍼지면서, 수메르인을 거쳐 고대 이집트까지 전해졌다. 2~3세기 북아프리카에서 오렌지밭이 번성하였지만, 아랍인들이 유럽 남부에 오렌지를 들여온 것은 1000년 무렵이다.
15세기 말, 오렌지는 본격적으로 유럽에 등장한다. 포르투갈인들이 실론의 교역소를 통해 들여온 오렌지를 특별히 준비된 밭에 심었는데, 그중에서도 루이 14세가 베르사유 궁전에 만든 오랑주리(Orangerie) 정원이 가장 아름답고 유명하다.

오렌지란?

오렌지는 과육이 풍부하고 진한 오렌지색 껍질로 싸인 둥근 모양의 과일이다. 일반적으로 오렌지 내부의 과육은 약 10개의 조각으로 나뉘어 있으며, 지스트(zist, 제스트가 아니다)라고 부르는 흰 섬유질로 덮여 있다.
오렌지나무는 늘푸른나무로 꽃이 피고 키가 9~10m까지 자란다. 50~80년 동안 풍성한 열매를 맺는데, 수 세기가 지난 고목이 계속 열매를 맺기도 한다.

스위트 오렌지 vs 비터 오렌지

여러분이 만나는 오렌지에는 2종류가 있다. 첫 번째는 스위트 오렌지이다. 가장 많이 알려져 있고, 오렌지주스를 짤 때 사용하는 종류이다. 껍질은 향기롭고, 과육은 즙이 풍부하며 달콤하다. 두 번째는 「세빌(Seville) 오렌지」라고도 알려진 비터 오렌지다. 껍질에 오일과 펙틴이 풍부하다. 주로 증류주에 사용한다.

진과 오렌지

레몬과 마찬가지로 오렌지에도 비타민 C가 풍부하다. 그래서 항해 중 괴혈병을 치료하는 데 사용되었다. 포르투갈, 스페인, 네덜란드 선원들은 긴 무역로를 따라 오렌지나무를 심었다. 오렌지껍질은 말리기 전이나 후 모두 진을 만들 때 많이 쓰이는 방향식물 원료이다. 역사적으로 비터 오렌지의 껍질은 말린 상태로, 스위트 오렌지의 껍질은 생으로 사용하였다. 일부 진 증류소에서는 오렌지꽃이나 블러드 오렌지 등 다른 품종의 오렌지를 쓰기도 하며, 생오렌지를 통째로 사용하기도 한다.

18세기부터 사용된 감귤류

진에 감귤류를 넣는 것이 현대에 개발된 방식이라고 생각한다면 잘못된 생각이다. 고든스 진(Gordon's gin)의 개발자 알렉산더 고든은 감귤류가 풍부했던 18세기 런던에 살고 있었다. 당시 감귤류는 흥겨운 축제나 격식 있는 식사에 빠지지 않는 과일이었다. 그러나 가격이 너무 비쌌기 때문에 대부분의 런던 중산층 시민들은 휴일에만 감귤류를 먹었다. 알렉산더 고든은 1769년 고든스 진의 레시피(주니퍼, 코리앤더, 안젤리카, 감초, 아이리스 뿌리, 오렌지 제스트, 레몬 제스트)를 완성했는데, 레시피에 감귤류 원료를 넣음으로써 진에 고급스러운 느낌을 더했다.

그 밖의 다른 감귤류

레몬과 오렌지가 진 제조에 주로 사용되기는 하지만, 다른 종류도 얼마든지 가능하다. 베르가모트, 핑크 자몽, 유자, 불수감에 이르기까지 사용 할 수 있는 감귤류는 많다. 그런 재료들로부터 에센스를 뽑아내는 마스터 디스틸러의 상상력과 재능만 있다면 말이다.

안젤리카

진에 많이 사용되는 6가지 식물 중 안젤리카와 아이리스는 진 애호가들도 잘 모르는 원료이다.
옛날에는 전통 의학에서 많이 사용되었고 요리용으로도 많이 쓰였지만,
요즘은 증류주의 세계에서나 안젤리카를 찾아볼 수 있다.
안젤리카는 다른 식물들의 휘발성 아로마를 잡아주고 조화를 이루게 하여,
진에 여운과 질감을 제공하는 등 핵심적인 역할을 한다.

신성한 기원

「안젤리카(Angelica)」라는 이름은 라틴어로 천사라는 뜻인데, 「메신저」를 의미하는 그리스어 아겔로스(Aggelos)에서 파생된 단어이다. 전설에 의하면, 대천사 라파엘이 한 수도사의 꿈에 나타나 전염병을 퇴치하기 위해 이 식물을 사용하도록 권했다고 한다. 그래서 안젤리카는 대천사의 풀, 천사의 풀, 또는 성령의 풀 등 여러 가지 이름을 갖고 있다.

안젤리카의 효능은 큰 관심을 끌었고, 전염병 예방과 감기, 순환 장애, 소화 장애, 심지어 피로까지 일상적인 질병을 다스리는 데 쓰였다.

안젤리카의 원산지는 북유럽으로 바이킹은 안젤리카를 화폐로 사용하기도 했다. 안젤리카는 스칸디나비아와 중유럽 및 러시아 산간 지역의 야생에서 찾아볼 수 있다.

안젤리카란?

안젤리카는 미나리과에 속하는 여러해살이풀로, 당근, 셀러리, 그리고 진에 많이 쓰이는 고수 등과 같은 과에 속한다. 안젤리카의 큰 뿌리는 두껍고 높게 자라는 줄기를 지탱하는 역할을 하며, 일반적으로 2~3m 높이까지 자란다. 안젤리카 잎은 1m까지 자라기도 한다. 줄기 끝에 우산살처럼 많은 꽃자루가 퍼져 나오는 형태(산형화서)의 꽃이 피며, 색은 희거나 초록빛이 도는 노란색이다. 꽃이 지면 작은 타원형의 노란빛이 감도는 크림색이나 연한 밤색의 열매가 맺힌다. 안젤리카의 잎, 뿌리, 씨앗은 약용으로 사용할 수 있으며, 진의 재료로 사용되는 것은 뿌리와 씨다. 뿌리를 사용할 때는 보통 증류 전에 말려서 사용한다.

안젤리카는 어디에서 자랄까?

안젤리카는 유럽 전역의 야생에서 자라지만, 상업용으로 사용되는 안젤리카는 대부분 프랑스, 불가리아, 독일, 또는 헝가리 산이다.

안젤리카 뿌리는 필요에 따라 연중 다른 시기에 수확할 수 있다. 예를 들어 여름에 수확하면 베타 펠란드렌(β-Phellandrene)이 풍부하여 민트와 주니퍼 향이 가장 진하다.

안젤리카에서는 머스크, 헤이즐넛, 나무, 습기, 나무뿌리(숲의 흙), 알싸한 단맛, 드라이함 등을 느낄 수 있으며, 살짝 버섯이 연상되기도 한다.

많은 디스틸러들이 향이 가장 부드럽고 품질이 좋은 안젤리카로 독일 작센 지역에서 나는 안젤리카를 꼽으며, 매운맛이 강한 벨기에 플랑드르산 안젤리카보다 작센 지역의 안젤리카를 선호한다.

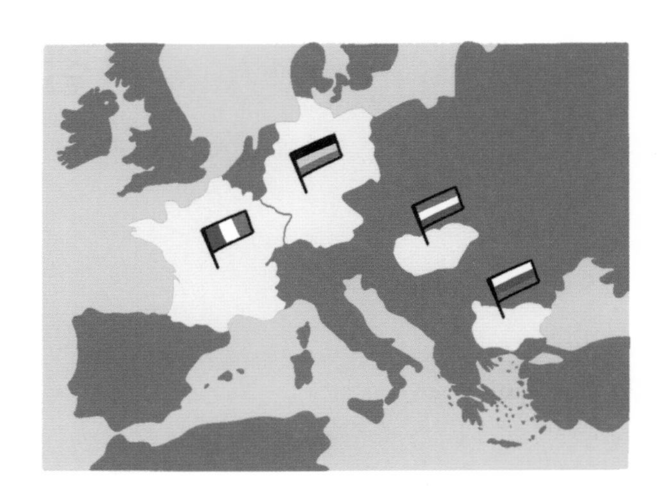

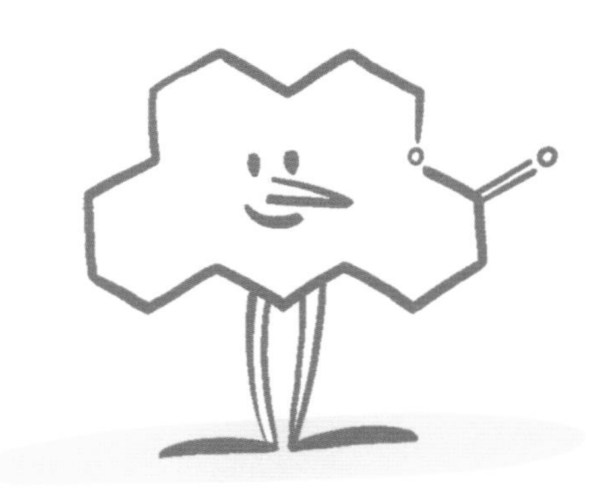

펜타데카놀리드 이야기

세계 최초의 합성향료회사 하르만 & 라이머(Haarmann & Reimer)의 독일인 연구원 막스 케르슈바움(Max Kerschbaum)은, 1927년 안젤리카 뿌리에서 추출한 에센셜 오일에서 머스크향이 나는 펜타데카놀리드(Pentadecanolide)를 처음 발견했다. 당시 머스크(사향)는 향기를 오래 지속시키는 보류제 역할을 하기 때문에 향수업계에서 가치가 매우 높았지만, 화학산업이 비약적으로 발전하기 전까지는 동물에서 직접 얻어야 했다. 그런데 안젤리카에서 펜타데카놀리드가 발견됨으로써 상황은 달라졌고, 현재 안젤리카는 향수산업에 널리 쓰이고 있다.

안젤리카의 씨앗

안젤리카의 씨앗도 진에 쓰이지만, 사용빈도는 훨씬 낮다. 씨는 작고 진한 초록색이며, 뿌리에 비해 펜타데카놀리드의 양이 훨씬 적어서, 뿌리와 다르게 신선함, 풋풋함, 가벼운 단맛, 후추향을 더해준다. 향기를 오래 지속시키는 보류제 역할을 위해서가 아니라, 진에 풍미를 더하기 위해 사용하는 경우가 많다.

삼위일체 이야기

영국의 진 증류소를 방문했는데, 누군가 삼위일체에 대해 이야기해도 놀랄 필요 없다. 사실 주니퍼, 고수, 안젤리카는 진에 있어서 일종의 삼위일체로 여겨진다.

안젤리카를 넣는 다른 증류주

증류주 애호가라면, 페르넷(Fernet), 베네딕틴(Bénédictine), 샤르트뢰즈(Chartreuse), 그리고 그 밖의 많은 술에도 안젤리카가 들어간다는 사실을 알아두자.

아이리스

아이리스(Iris 또는 Orris) 뿌리는 진의 향을 오래 지속시키는 보류제 효과를 위해 사용되는 식물이다.
고품질 진을 만들기 위해 아이리스는 길고 때로는 신비로운 과정을 거친다.

신화적인 꽃

아이리스는 그리스 신화의 여신에게서 따온 이름이다. 아이리스 꽃잎을 자세히 보면 꽃잎 표면이 빛에 반사되어 색이 변하며 무지개빛으로 반짝인다. 그리스인들은 신과 인간 사이의 메신저 역할을 하는 이리스 여신이 무지개 옷을 입고 있다고 믿었기 때문에, 이 꽃에 신성한 여신의 이름을 붙였다.

백합? 아이리스?

이집트인들에게 아이리스는 신성한 꽃이었고, 기독교인들에게 아이리스는 왕족의 상징이었다. 그런데 프랑스 왕족을 상징하는 백합꽃 문장 「플뢰르 드 리스(Fleur de Lys)」를 자세히 보면, 백합이 아니라 아이리스라는 사실을 알 수 있다. 5세기 프랑스의 클로비스왕은 자신의 문장에 노란 아이리스를 넣었고, 12세기 루이 7세도 자신의 문장으로 아이리스를 선택하여 「플로르 드 루아(Flor de Loys, 루이 왕의 꽃)」라고 불렀는데, 점차 발음이 비슷한 「플뢰르 드 리스」와 혼동되면서 아이리스를 뜻하는 본래의 이름이 사라졌다.

아이리스 재배와 현대적 용도

아이리스를 향료로 사용하기 시작한 것은 르네상스시대 카트린 드 메디치(Catherine de Medici) 왕비 때로 거슬러 올라간다. 당시에는 아이리스의 뿌리줄기를 빻아서 체에 내린 다음 쌀가루와 섞어서 사용했는데, 가루에서 바이올렛향이 났기 때문에 아이리스의 아로마 노트를 「파우더리(Powdery)」하다라고 표현한다. 이 쌀가루는 가발이나 얼굴뿐 아니라 옷에도 뿌려서 향을 내는 데 사용했다. 20세기 초에는 향수업계의 거물들이 아이리스를 사용하기 시작하였고, 오늘날 아이리스는 이탈리아, 모로코뿐 아니라 프랑스와 중국에서도 재배 중이다.

긴 기다림

진의 여러 가지 재료 중에서도 아이리스는 생산 방식이 조금 특별하다. 왜냐하면, 아이리스를 재배하는 것은 꽃이 아니라 뿌리를 얻기 위해서이기 때문이다. 꽃이 핀 뒤 뿌리줄기(단순하게 뿌리라고 부르기도 한다)를 3년 동안 땅속에 그대로 둔다. 그런 다음 땅에서 파내어 수작업으로 세척하고, 다시 3년 동안 햇빛에 말린다. 이 기간 동안 뿌리는 산화되고, 「이론(Irone)」이라는 향기 분자가 농축된다. 귀한 아이리스 뿌리를 얻기 위해서는 시작부터 끝까지 5~8년(증류소에 따라 다르다)이 걸린다.

아이리스 팔리다 vs 아이리스 게르마니카

재배 가능한 아이리스 품종들 가운데 뿌리줄기를 얻기 위해 재배하는 품종은 주로 2가지다.

아이리스 팔리다(*Iris pallida*)의 원산지는 이탈리아로, 특히 피렌체가 주요 산지이다. 탁월한 후각적 특성으로 가장 인기 있는 품종이다. 이탈리아에서는 아이리스를 비탈지고 자갈이 많은 땅에서 재배하기 때문에, 기계화 재배가 불가능하다. 9월 중순~10월 중순 사이에 심고, 3년째 되는 해 7월 중순~8월 중순에 수확한다.

아이리스 게르마니카(*Iris germanica*, 독일붓꽃)는 모로코에서 자라며 더 튼튼하고 재배법도 간단하지만, 이론(Irone) 성분의 함유율이 낮아 향이 덜 섬세하다. 장점은 건조 시간이 2년 이하로 짧다는 점이다(아이리스 팔리다의 경우, 최소 3년이 걸린다).

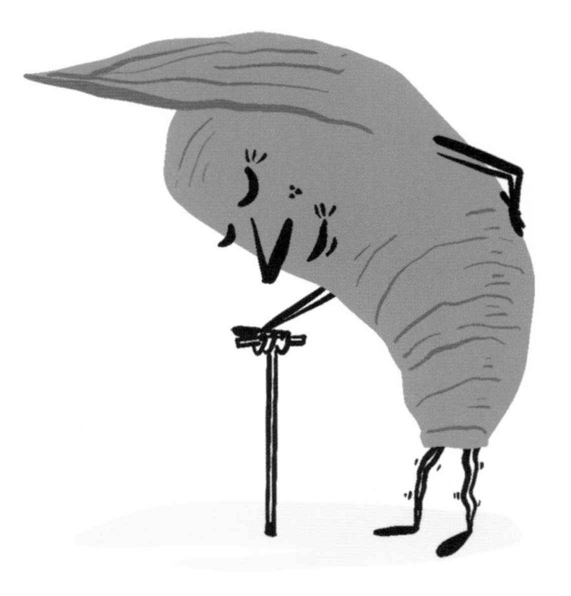

향기의 신비!

아이리스 뿌리를 땅에서 뽑으면 아무런 향도 느껴지지 않는다. 뿌리 속 성분이 천천히 이론으로 대사화하는 데는 수년이 걸린다. 이론은 아이리스 뿌리 특유의 독특한 향을 만드는 물질이다. 아이리스 뿌리에 함유된 여러 가지 방향족 이론 중 가장 흥미로운 것은 알파-이론(α-Irone)이다. 알파-이론의 향은 보통 파우더리한 향, 나무향과 함께 바이올렛과 라즈베리의 뉘앙스로 묘사된다.

그런데 진을 마셨을 때 코나 입안에서는 알파-이론을 거의 느낄 수 없다. 대부분의 디스틸러들은 이 성분의 뛰어난 보류성(향의 지속력을 높여주는 성질)을 활용하거나, 다른 방향식물들과 조화시켜 진에 흙향과 같은 베이스 노트를 만들기 위해 사용한다.

그 밖의 원료

앞에서 살펴본 6가지가 진의 주요 원료이지만, 독특하고 파격적인 진을 만들기 위해 사용할 수 있는 방향식물은 수없이 많다. 디스틸러들은 과거 또는 미래에서 영감을 얻어, 소비자들이 기대하는 진을 끊임없이 재창조하고 있다.

검은 후추

검은 후추는 스파이시한 맛을 내는 향신료이다. 진의 스파이시한 노트를 위해 검은 후추를 많이 사용하는 것은 매우 당연한 일이다.

라벤더

향기로운 보라색 꽃봉오리로 유명한 라벤더는 민트나 바질 등과 같은 꿀풀과에 속한다. 하지만 향이 너무 강해서 진에는 드물게 사용되며, 후추 또는 감귤류 노트의 균형을 맞추기 위해 사용한다.

감초 또는 스타 아니스

감초뿌리와 스타 아니스(팔각)는 다른 식물이지만 같은 화학성분을 가졌으며, 나무와 땅의 깊은 노트를 만들어낸다.

차

사용하는 찻잎의 종류에 따라 아로마 프로필은 크게 달라질 수 있지만, 일반적으로 가벼운 흙냄새의 수렴성, 기분 좋은 향신료향을 낸다.

넛메그(육두구)

넛메그나무의 원산지는 인도네시아지만, 아시아와 중앙아메리카에서 널리 재배되고 있다. 씨앗은 옅은 갈색의 타원형이고, 갈아서 사용하면 따뜻하고 향기로우며 부드러운 향신료의 노트를 더해준다.

카르다몸

카르다몸은 인도 남서부 말라바르 지역에서 자라는 향기로운 식물로, 작고 검은 씨앗이 많이 맺힌다. 녹색과 검정색 중 진에는 녹색을 더 많이 쓰는데, 향이 더 섬세하기 때문이다. 카르다몸은 스파이시하고 레몬 같은 풍미를 더해준다.

방향식물 분류

감귤류와 과일

베르가모트, 유자, 생감귤류, 자몽, 라임, 구스베리, 엘더베리, 레드커런트, 루바브

달콤한 스파이스 또는 짭짤한 스파이스

살사, 카르다몸, 검은 후추, 생강, 커민, 캐러웨이, 치커리, 포블라노 칠리

풀/꽃

월계수잎, 머틀, 세이지, 장미, 차, 민트, 캐모마일, 라벤더, 로즈메리, 카피르잎, 레몬그라스, 차즈기, 민들레, 유칼립투스, 메도스위트(Meadowsweet)

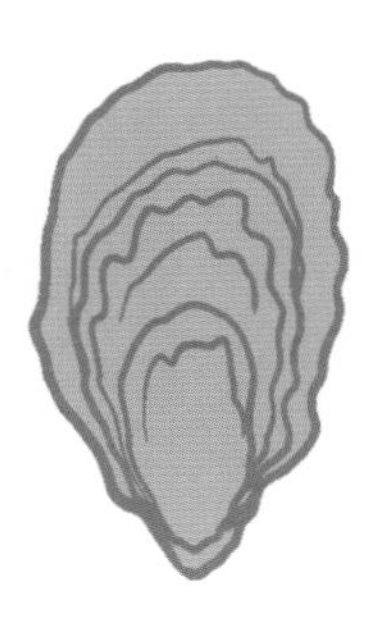

그 밖의 독특한 재료

해초, 굴껍질

재료를 너무 많이 넣으면?

더 많은 방향식물을 사용한다고 해서 반드시 더 풍부한 맛이 나는 것은 아니다. 그래서 자신들의 레시피에 엄청나게 많은 방향식물을 사용했다고, 자랑스럽게 광고하는 진이라면 일단 주의할 필요가 있다. 너무 많은 색의 물감을 섞으면 검은색이 되는 것처럼, 지나치게 많은 재료를 넣으면 아무런 풍미도 느낄 수 없는 혼합물이 되곤 한다.

로컬 진?

그 지역에서 나는 재료를 사용하는 요리업계의 흐름은 점점 진업계에도 적용되고 있다. 지구 반대편에서 자라는 방향식물을 수입하기보다, 그 지역에서 자라는 방향식물로 진을 만드는 증류소가 늘어나 있다.

점점 중요해지는 테루아

와인이 오랫동안 그래왔고 최근에는 위스키가 그런 것처럼, 진 생산자도 테루아 개념에 관심을 갖고 테루아를 추구하기 시작하였다. 많은 사람들이 지역성을 살린 진을 만들고 있는데, 그러기 위해서는 그 지역에서 나는 식물을 사용해야 한다. 방향식물은 산지에 따라 향이 완전히 달라질 수 있기 때문이다.

시각적 욕구를 충족시키기 위한 재료

일부 증류소들은 아로마적 특성을 위해서가 아니라, 시각적 효과를 내기 위한 재료를 사용하기도 한다. 예를 들어 나비완두콩꽃(Butterfly Pea Flower)은 진을 진한 보라색으로 만들어준다. 또는 더 진한 색을 내기 위해 베리류를 쓰기도 한다. 더 나아가 일부 진 브랜드는 이러한 재료들을 활용하여 레몬즙이나 토닉 워터를 섞으면 색이 변하는 진을 만들어, 소비자들을 깜짝 놀라게 하였다.

너무 비싼 향신료

진 레시피에 사용되는 일부 향신료는 가격이 정말 매우 비싼 것도 있다. 1㎏당 3만 유로나 지불해야 하는 향신료도 있는데, 바로 사프란이다. 사프란을 사용하는 진으로는 가브리엘 부디에(Gabriel Boudier)가 있다. 바닐라 역시 상당한 비용을 지불해야 하며, 해에 따라 1㎏당 450유로까지 가격이 올라가기도 한다. 바닐라를 사용하는 진으로는 옥슬리(Oxley)가 있다.

진의 위대한 이름

로쿠

세계적으로 유명한 위스키를 생산하는 일본의 대기업 산토리사에서, 최근 로쿠(Roku)라는 이름의 진을 출시했다. 로쿠 진은 일본 오사카에서 생산되며, 섬세한 장인의 기술로 완성한 완벽하게 균형 잡힌 풍미를 자랑한다. 오사카에는 일본 위스키의 성지로 유명한 야마자키 증류소가 있지만, 로쿠는 별도로 운영되는 「리큐어 아틀리에(Liquor Atelier)」에서 생산된다. 리큐어 아틀리에는 산토리의 특수 증류주와 리큐어를 위해 특화된 공방형 증류소이다.

산토리는 1936년(Hermes Dry Gin 출시)까지 거슬러 올라가는 진 제조 역사를 갖고 있다. 일본어로 로쿠[六]는 숫자 6을 의미하는데, 이름처럼 일본에서 나는 특별한 6가지 식물을 사용한다. 또한 식재료의 맛이 절정에 이르는 제철을 지키는 전통인 슌[旬]의 개념에 따라, 6가지 식물을 각각 최적의 계절에 최상의 산지에서 수확하여 신선함과 풍미를 보장한다.

6가지 식물 재료는 전통적으로 진에 사용되는 8가지 식물 재료(주니퍼베리, 고수씨, 안젤리카 뿌리, 안젤리카 씨, 카르다몸 씨, 시나몬, 비터오렌지 껍질, 레몬껍질)와 각각 매칭된다. 뿐만 아니라 각각의 식재료에서 최상의 맛을 끌어내기 위해 독자적인 다중증류 방식을 사용하는데, 예를 들면 섬세한 벚꽃은 진공 스테인리스 증류기에서 증류하고, 좀 더 강한 식물들은 보통 구리 증류기 등에서 증류한다.

네덜란드 예네버르의 증류

네덜란드 예네버르(Jenever)는 몇몇 특별한 단계를 거쳐 증류된다.

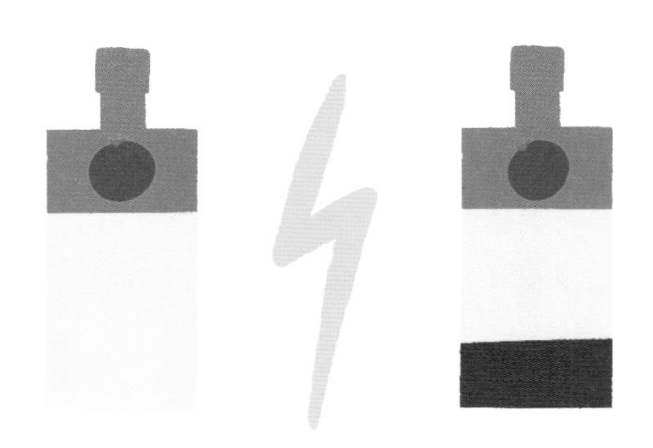

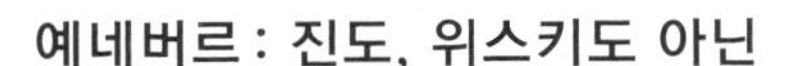

예네버르 : 진도, 위스키도 아닌

진은 중성 알코올을 베이스로 방향식물을 혼합하여 만들며, 주요 원료는 주니퍼베리여야 한다.
예네버르의 경우, 베이스가 완전히 다르다. 맥아 와인(호밀, 옥수수, 밀의 증류액)의 맛은 가벼운 위스키에 더 가깝다. 이 맥아 와인에 중성 알코올과 방향식물을 혼합하여, 진과 위스키의 중간에 가깝게 만든 증류주가 예네버르다.

예네버르와 두 장소

네덜란드의 전통 예네버르는 여러 단계를 거쳐 만들어지는데, 서로 다른 두 장소를 거친다.

- 곡물의 몰팅 공정은 네덜란드어로 「브란데레이(Branderij)」라는 곳에서 이루어지는데, 브랜디 증류장 또는 술도가를 의미한다.
- 맥아 와인은 이어서 「디스틸레이르데레이(Distilleerderij, 증류소)」에서 주니퍼베리와 다른 식물들과 함께 섞여 예네버르로 재증류된다.

중성 알코올 외의 알코올

중성 알코올을 베이스로 사용하는 진과 달리, 예네버르에서는 곡물의 비중이 크다.
역사적인 레시피에서는 매시(Mash, 예네버르를 구성하는 곡물의 초기 혼합물)에 다음의 곡물을 사용한다.

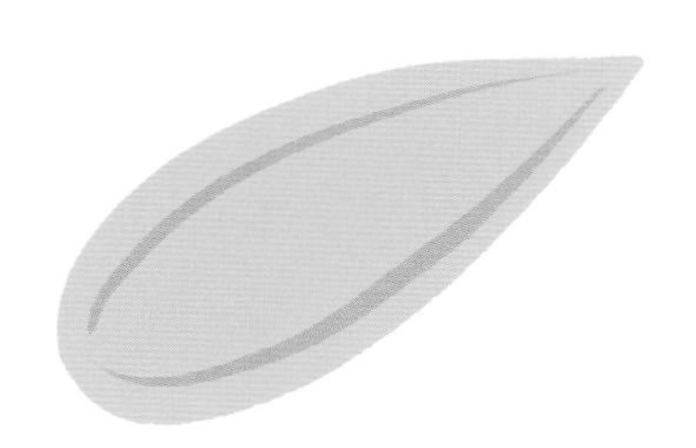

라이(호밀)

강하고 조금 거친 맛을 낸다.

보리맥아

보리맥아는 호밀과
옥수수 전분의 발효과정에
필수적인 효소를 함유하고 있어서
꼭 필요한 재료이다.

옥수수

호밀의 거친 맛을 조금 완화시키지만,
옥수수만 사용하면
특징이 없는 예네버르가 된다.
그래서 예네버르에 필요한 재료이기도 하다.

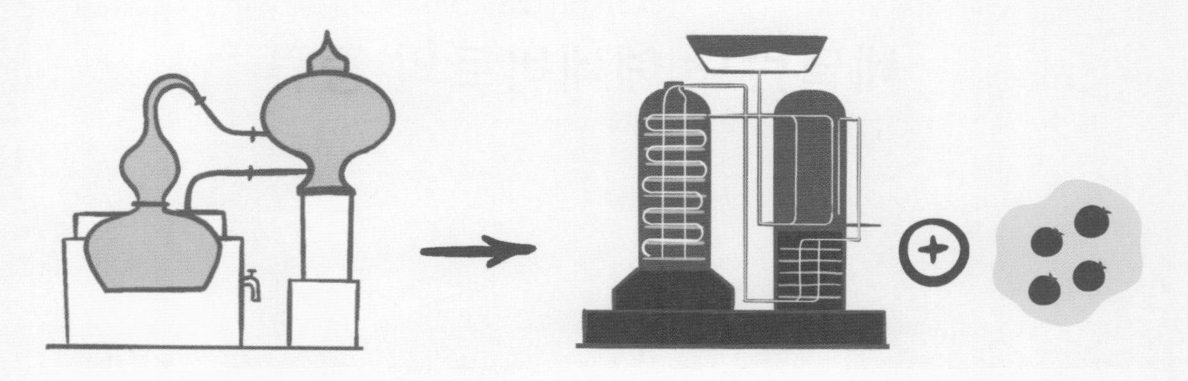

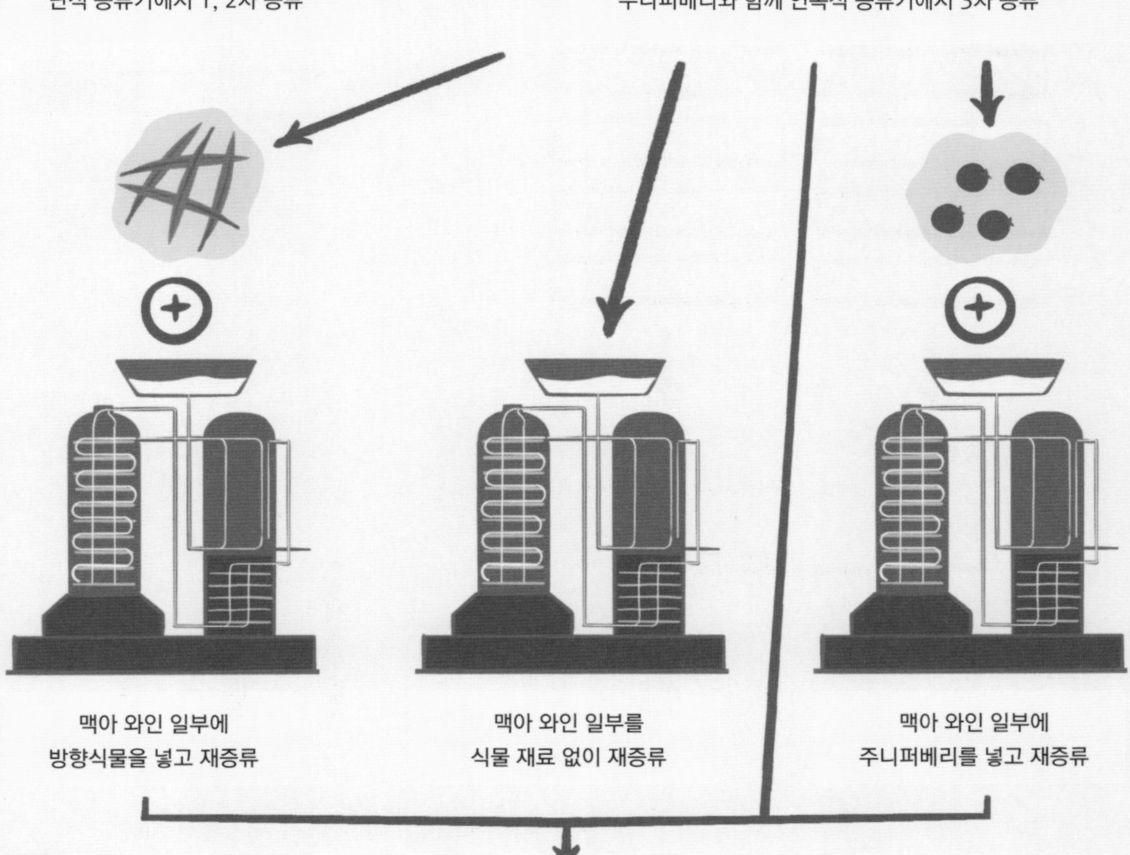

초보자를 위한 네덜란드 예네버르 브랜드

- 바이 더 더치(By The Dutch)_ 올드 예네버르
- 볼스 아우더 예네버르(Bols Oude Jenever)
- 뵈르딩스 예네버르(Vørding's Genever)

4가지 증류액을 생산자에 따른
비공개 비율로 혼합

제조 단계

진은 어떻게 만들까?
정해진 과정을 정확히 거쳐야 하는 다른 증류주들과 달리, 진은 여러 과정을 선택할 수 있다.

기본 재료 조합

발효 가능한 베이스를 만들기 위해 진 메이커는 옥수수 플레이크, 밀 맥아와 같이 건조 및 처리된 곡물을 물, 효모와 섞는다. 이 혼합물(진 매시)을 가열하면서 잘 섞어서 발효될 수 있게 만든다.

베이스의 발효

진 메이커는 이렇게 만든 베이스를 일정 기간(보통 1~2주) 보관하여 완전히 발효시킨다. 이 단계에서 베이스의 구성 물질이 분해되기 시작하며, 「에탄올(에틸알코올)」이라는 단순한 천연 알코올이 만들어진다.

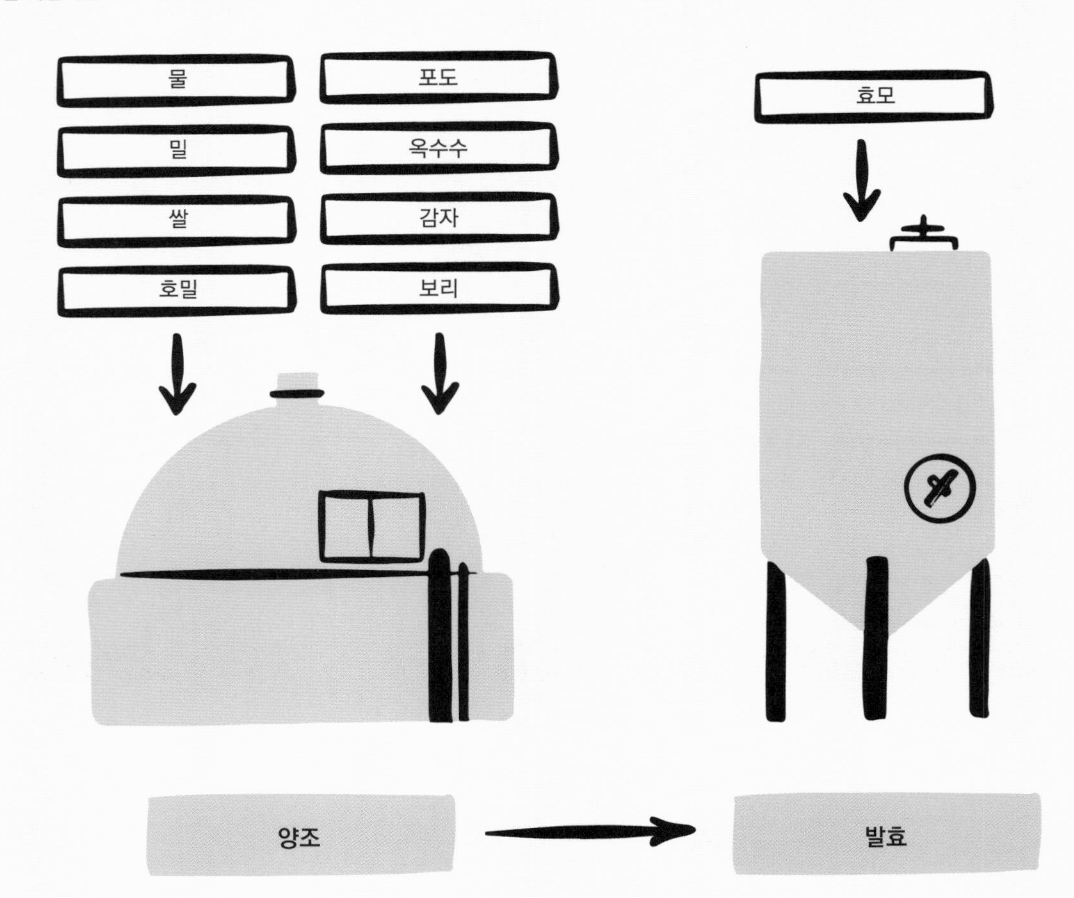

증류(과정에 따라 선택)

증류는 액체를 정제하는 과정으로, 먼저 액체를 가열한 다음 발생하는 증기가 액체로 다시 응축될 때 이것을 모은다. 진 생산자는 여러 가지 방법으로 증류를 진행한다. 일부는 한두 번만 증류하는가 하면, 어떤 생산자는 증류와 재증류를 여러 차례 반복하여 원하는 결과를 얻는다. 또한 증류과정의 여러 단계에서 방향식물을 추가하기도 한다. 어떤 생산자는 증류 전이나 증류하는 사이에 식물 재료를 에탄올에 담그고, 어떤 생산자는 특별한 증류기를 사용해 증류하는 동안 식물 재료를 첨가한다. 그리고 마지막으로, 증류를 전혀 하지 않는 경우도 있다.

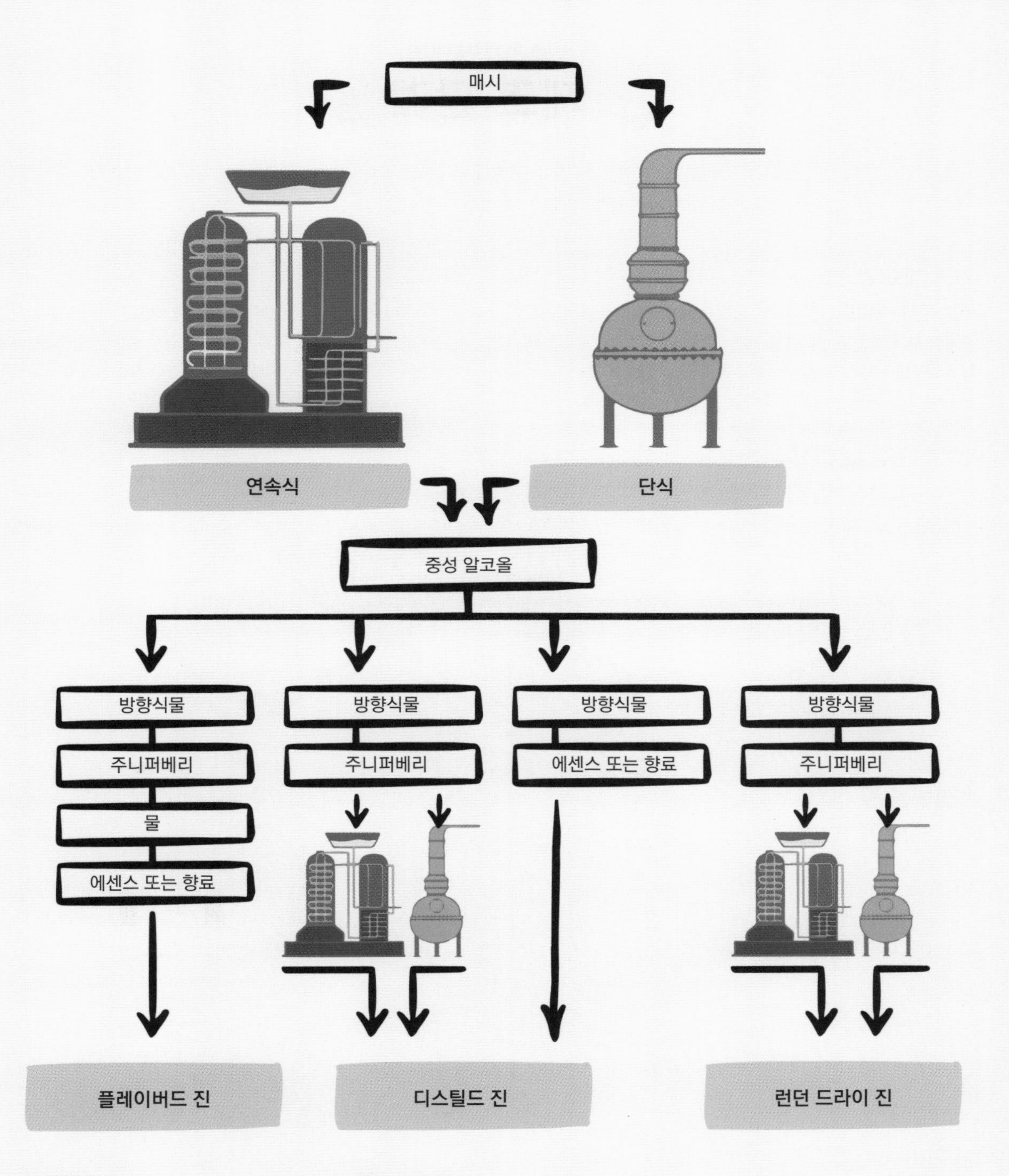

혼합물 여과

발효가 끝나면, 진 생산자들은 액체를 여과한다. 발효가 끝난 고형물은 버리고, 액체(에탄올)를 사용하여 진을 만든다.

희석과 병입

증류액이 완성되면 디스틸러는 알코올을 용량에 따라 테스트하면서, 점차적으로 물을 넣고 희석하여 원하는 알코올 도수로 맞춘다. 이 단계에서 진 리큐어를 만드는 디스틸러들은 향료나 설탕을 넣어 슬로 진, 핑크 진, 또는 루바브 진 같은 제품을 만들 수 있다.

스티프 앤 보일

방향식물은 초기 단계에 사용되는데, 추출 방식에 따라 진의 아로마 프로필은 크게 달라질 수 있다. 일반적으로 3가지 추출 방식이 있는데, 그중 첫 번째는 「스티프 앤 보일(Steep and Boil)」 방식이다.

담그고(Steep), 끓인다(Boil)

세계 진 생산량의 90%가 스티프 앤 보일 방식으로 만들어진다. 원리는 매우 단순하다. 방향식물을 일정 시간 동안 증류기 안에 넣고 담가둔다. 그런 뒤 증류기를 가열하여 내용물을 끓이는데, 이런 방식으로 더 풍부한 아로마를 추출할 수 있다.

직접 담그기

방향식물을 곡물 원료로 만든 중성 알코올에 직접 담가서 아로마를 추출하는 방식도 있다. 이 방식은 곡물로 만든 중성 알코올에 식물을 담가놓는 시간이 추출되는 아로마의 양을 결정한다. 일부 마스터 디스틸러들은 몇 분 정도만 담가두기도 하지만, 24시간 이상 두는 경우도 있다. 각자 자신만의 레시피가 있기 때문이다.

추출률을 높이려면

일부 진 생산자는 추출률을 높이기 위해 열, 압력 외에 운동 에너지를 활용하기도 한다. 이를 위해 아로마를 추출하는 과정에서 회전식 탱크를 사용하기도 한다.

다양한 추출 시간

추출은 과학이다. 일부 재료는 지나치게 오래 담가두면 원하지 않는 물질까지 추출될 수 있다. 예를 들어, 차를 우릴 때 5분이 지나면 쓴맛이 나는 물질이 우러나는 것과 같다. 반면 며칠, 몇 주까지 그대로 두어도 괜찮은 재료도 있다.

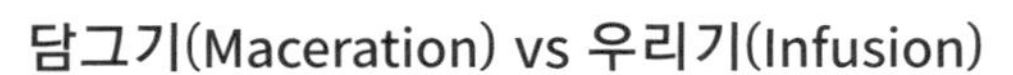

담그기(Maceration) vs 우리기(Infusion)

혼용하는 경우가 많지만, 담그기(침용)와 우리기(침출)는 서로 다른 테크닉이다. 우리기는 방향식물을 알코올에 담가 식물의 아로마가 추출될 때까지 두는 것이다. 담그기도 이와 같지만, 이때는 사용하는 방향식물을 먼저 짓이기거나 잘라서 표면적을 넓혀, 더 많은 아로마를 추출한다.

추출, 동시에 가열

추출과 동시에 가열하는 방식은 아로마를 최대한 추출하는 데 매우 효과적이다. 반면, 이 방식을 사용하면 식물이 익는다. 뜨거운 증류기 벽에 닿은 방향식물이 타기도 한다. 이러한 변화에서 오는 장점도 있겠지만, 일부 식물의 경우 완전히 다른 아로마가 추출되기도 한다.

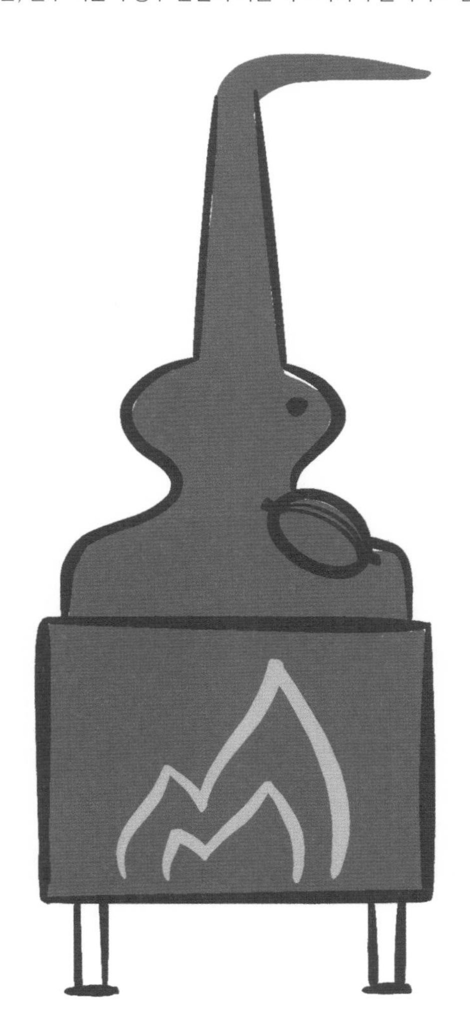

응용 기술 : 개별 증류

스티프 앤 보일 방식에서 파생된 개별 증류 방식은 진 생산에서 매우 큰 인기를 얻고 있다. 이 방식은 방향식물을 각각 담근 다음 끓이는 것이다. 이렇게 얻은 서로 다른 증류액을 섞어서 진을 만든다. 이 방식이 점점 더 인기를 얻고 있는 것은, 각 식물에 맞는 방식으로 좀 더 섬세하게 증류함으로써, 진의 풍미를 보다 정확하게 조절할 수 있기 때문이다. 방향식물의 개별 증류 방식은 최종 결과물을 이전보다 더 높은 수준으로 통제하여, 진의 맛과 향을 맞춤화할 수 있다. 예를 들어, 주니퍼베리는 매우 오랫동안 우려낸 다음, 천천히 증류하여 모든 풍미를 추출한다. 그러나 팔각처럼 향이 더 진한 방향식물은 훨씬 더 짧게 우려서 증류해야 한다. 개별 증류 방식에 대해 재료를 직접 섞지 않는다고 비난하는 사람도 있는데, 이들은 아로마가 중복됨으로써 진에 깊이와 복합성이 생긴다고 주장한다.

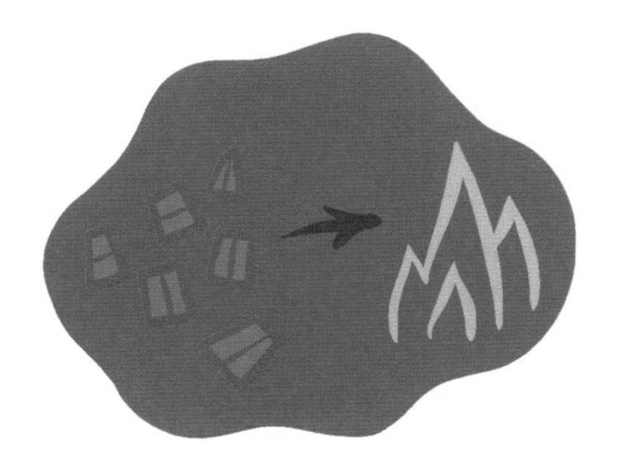

차의 예

차는 오래 우려내는 것이 불가능하다. 일반적으로 찻잎의 모양이 온전할수록 찻잎의 성분이 서서히 우러나는 반면, 작게 잘린 찻잎은 더 빨리 우러난다. 다만, 차의 성분에는 유효기간이 있다. 만일 차를 계속 우린다면 향과 맛은 옅어지고, 차에 함유된 폴리페놀이나 아미노산에 비해 늦게 우러나는 카페인과 타닌 때문에 쓴맛이 진해진다.

스팀 인퓨전

식물에서 향을 추출하는 작업은 매력적이면서도 복잡하다. 특히 섬세한 식물이나 휘발성 물질이 함유된 식물의 경우, 스티프 앤 보일 방식으로는 완전히 만족스러운 결과를 얻지 못할 수도 있다. 이런 경우에는 스팀 인퓨전(Steam Infusion) 방식이 진가를 발휘한다.

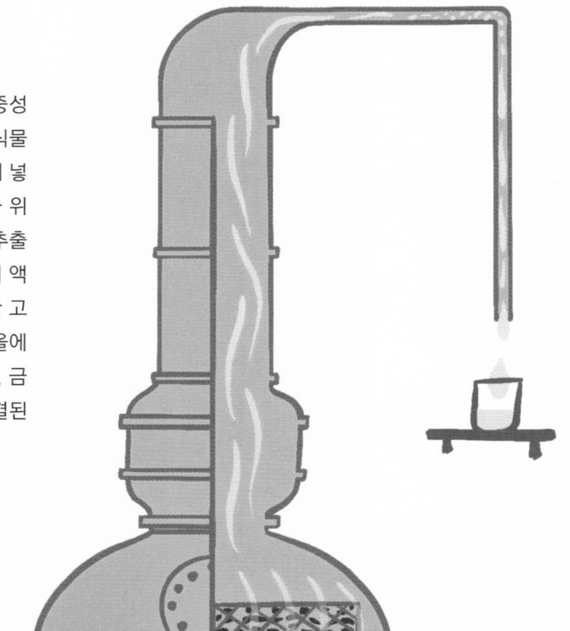

어떻게 할까?

앞에서 살펴본 방식대로 방향식물을 중성 알코올에 담가서 우려내는 대신, 방향식물을 증류기 속 알코올 위에 설치된 용기에 넣는다. 증류기를 가열하면 알코올 증기가 위에 있는 식물 원료를 통과하며 풍미가 추출되고, 콘덴서(응축기)에서 냉각되어 다시 액화된다. 방향식물을 넣는 용기는 특수한 고분자망(Polymer Mesh) 주머니를 알코올에 닿지 않도록 증류기 내부에 걸어놓거나, 금속 튜브를 통해 증류기의 보일러와 연결된 금속 바구니 형태의 용기를 사용한다.

풍미와 차이점

스팀 인퓨전은 담그는 방식(침용)과는 다른 풍미를 만들어낸다. 첫째로, 온도가 낮아서 식물이 「익는」 정도가 덜하고 식물이 증류기의 구리벽에도 닿지 않는다. 이 방식을 사용하면 마스터 디스틸러는 방향식물을 포개는 방식도 정확한 순서대로 조절할 수 있고, 이것은 진의 최종적인 풍미에도 영향을 미친다.

스팀 인퓨전에는 어떤 재료를 사용할까?

주로 허브(세이지, 민트 등)처럼 말리지 않은 신선한 재료를 사용하지만, 감귤류(레몬, 오렌지, 베르가모트)도 사용한다. 스팀 인퓨전 방식을 사용하면 더 진하고 생생한 아로마를 추출할 수 있다.

스팀 인퓨전에 반대하는 입장

일부 진 애호가들은 스팀 인퓨전의 지나친 섬세함이 스파이시한 향이나 나무향을 제거하는 경향이 있다고 비판한다.

두 가지 방식의 조합

스티프 앤 보일과 스팀 인퓨전 방식을 조합하여 사용하는 것도 가능하다. 일부 식물은 알코올에 담그고, 나머지는 증류기 상단에 놓아서 스팀으로 아로마를 추출하는 것이다. 헨드릭스 진(Hendrick's Gin)은 2가지 방식을 조합하여 만드는 대표적인 진이다. 헨드릭스 진을 만들 때는 2대의 증류기를 따로 사용하는데, 1대는 끓이기 전 24시간 동안 재료를 담그는 용도이고, 다른 1대는 식물을 스팀 인퓨전하기 위한 용도이다. 마지막으로 2가지 증류액을 블렌딩한다.

물의 역할

증류주에 대해 이야기할 때 우리는 물의 역할을 잊어버리는 경향이 있다.
그러나 물은 진을 만드는 필수 재료 중 하나일 뿐 아니라, 진 1병의 알코올 함유량이 40%라면,
나머지 60%는 거의 물이 차지한다. 따라서 한 병의 진에서
물이 여러분의 가장 큰 관심사는 아니더라도, 물에 대해 자세히 살펴볼 필요는 있다.

물은 많이 필요하다!

1ℓ의 진을 만들기 위해서는 100ℓ의 물이 필요한 것으로 추산된다. 일부 방향식물을 세척하거나 증류기를 식힐 때, 그리고 병입하기 전 진의 알코올 도수를 조절하기 위해서도 물이 사용되는 만큼, 물은 진을 만드는 데 필수적인 요소이다.

물의 중요성

대부분의 진 증류소에서는 물을 섞기 전에 여과하는 쪽을 선호하는데, 이것은 물에 함유된 성분이 방향식물의 아로마 분자와 반응하여 풍미를 변화시키는 것을 막기 위해서이다. 영국을 포함한 일부 국가에서는 물을 증류주에 사용하기 전에 반드시 여과한다. 그 과정에서 일반적으로 사용되는 역삼투압 필터는 물이 아닌 모든 물질을 효과적으로 제거한다. 여과된 물은 매우 순수한 상태이지만, 아무런 맛도 없다. 증류소가 물을 여과하는 또 다른 이유는 시각적인 문제 때문이다. 만약 진에 사용하는 물에 미네랄이 남아있다면, 시간이 지남에 따라 미네랄이 침전되어 병 바닥에 얇은 흰색 먼지 같은 막을 형성하게 되고, 이것이 소비자에게 좋지 않은 인상을 줄 수 있다.

블랙 포리스트의 샘물

독일 북부에 위치한 블랙 포리스트(Black Forest)의 샘물은 염분과 그 밖의 미네랄 함량이 낮은 것으로 알려져 있다. 이 물로 진을 제조하는 몽키 47(Monkey 47) 증류소는, 다른 대부분의 증류소와 같은 방식으로 물을 처리하지 않고, 그들의 진에 필수적인 아로마를 잃지 않기 위해 반드시 필요한 리프 필터(Leaf Filter) 여과만 적용한다.

진 생산과 물 사용에 대한 생각

우리는 물 낭비를 줄이기 위해 소비 습관에 대해 다시 생각할 필요가 있다. 증류주 산업은 엄청난 물 소비로 자주 비난의 대상이 되는데, 증류주 생산에는 천문학적인 양의 물이 필요하기 때문이다.
이 문제를 해결하기 위해 점점 더 많은 증류소들이 나무를 심어 유출수를 줄이고 증류소에서 가까운 수원으로 물을 끌어오는 데 도움을 주거나, 물 낭비의 원인을 밝혀냄으로써 50%까지 물을 절약하는 등, 수자원 절약을 위한 혁신을 꾀하고 있다.

진공 증류

진공 증류는 비교적 현대적인 진 생산 방식 중 하나이다.
2009년에서야 100% 진공 증류 방식으로 생산된 진이 처음 출시되었다.

어떻게 할까?

진공 증류를 하려면 스티프 앤 보일 방식과 마찬가지로 증류기에 방향식물과 중성 알코올을 넣어야 한다. 그러나 그 다음은 증류기를 가열하는 대신 압력을 낮추기만 하면 된다(진공 증류용으로 특화된 증류기를 사용한다). 이 방식을 사용하면 훨씬 낮은 온도에서 증류가 시작되며, 0°C 이하에서도 알코올이 증발할 수 있다.

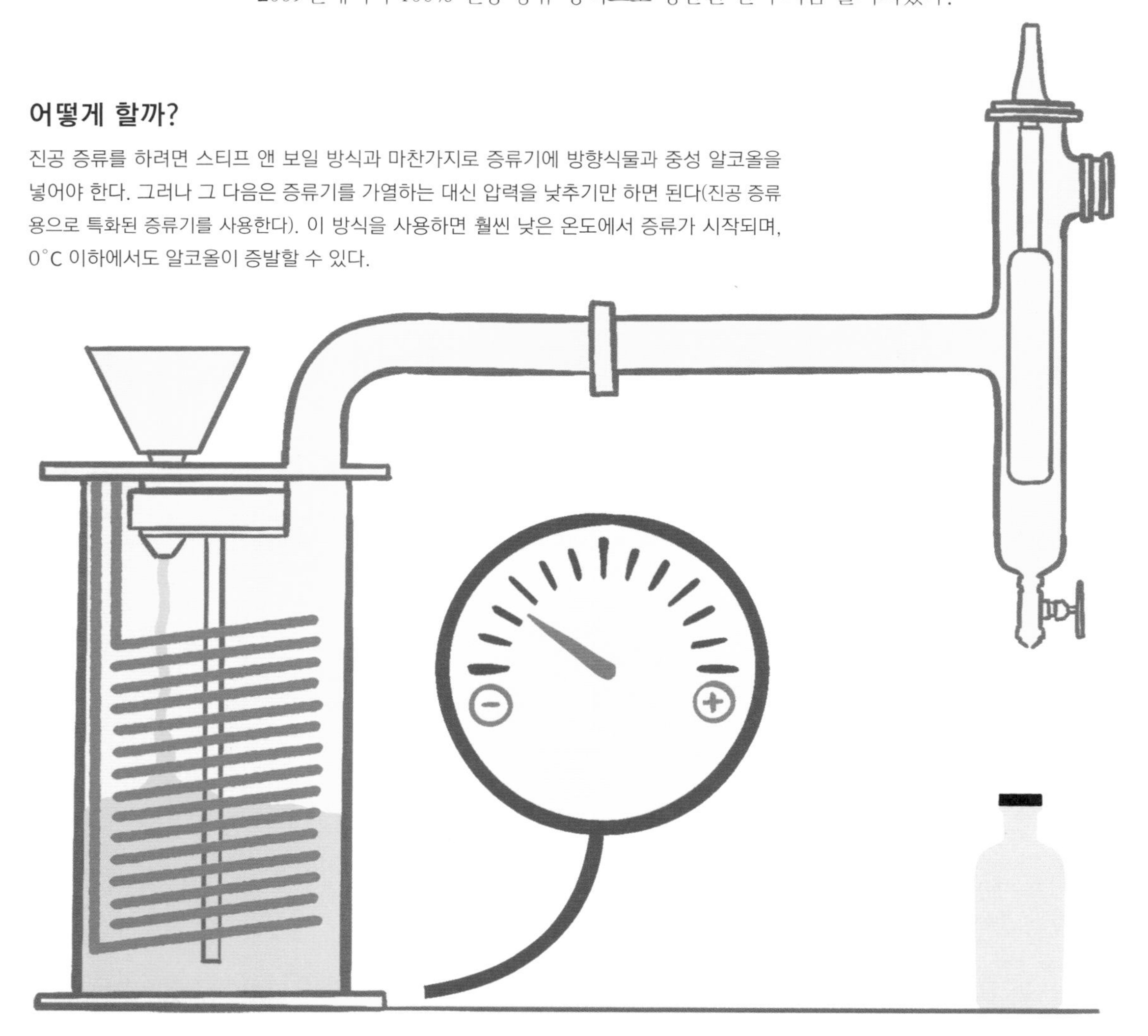

진공 증류의 장점

진공 증류는 마스터 디스틸러들에게 매우 좋은 평가를 받고 있다. 신선한 방향식물에 열을 가해 향을 손상시키지 않고 작업할 수 있기 때문이다. 주로 특정 아로마가 발현되는 단계에서 방향식물의 아로마를 추출하기 위해 사용된다. 진공 증류 방식을 사용하면 화학 반응을 일으키지 않아도 원하는 아로마만 추출할 수 있다.

어떤 원료를 사용할까?

오이, 인동초(허니서클), 무화과 등. 더 놀라운 사실은 이 방법으로 요거트를 증류하는 진 브랜드도 있다는 것이다. 우유는 높은 온도에서 응고되기 때문에, 이 방법이 아니면 증류가 불가능하다.

원샷 & 멀티샷

진 증류에 대해 마스터했다면 이제 레시피만큼 비밀스럽게 숨겨진 방식에 대해 이야기할 시간이다. 극소수의 마스터 디스틸러만이 사용을 인정한 방식, 바로 멀티샷이다.

무엇이 다를까?

원샷(또는 싱글샷) 진은 중성 알코올과 방향식물의 비율이 균형을 이루고 있어, 병입하기 전에 물만 첨가하면 진을 만들 수 있다.
멀티샷 진은 「농축」 진이라고 할 수 있는데, 방향식물의 양을 의도적으로 늘린 것이다. 따라서 증류가 끝난 뒤 마실 수 있는 진을 만들기 위해서는 중성 알코올과 물을 첨가해야 한다.

왜 멀티샷을 할까?

멀티샷을 당당히 내세우는 증류소가 거의 없는 것은, 그 목적이 주로 경제적인 면에 있기 때문이다. 멀티샷은 증류기를 단 1번만 사용하여 훨씬 더 많은 진을 생산할 수 있다. 따라서 생산량을 2배로 늘릴 수도 있고, 심지어 25배로 늘릴 수도 있다.

시음해보면?

원샷과 멀티샷의 차이에 대한 과학적인 자료는 찾기 어렵지만, 멀티샷의 비율이 높아질수록 진의 점성이 증가하고 밀도가 지나치게 높아진다는 점은 인정되었다.

여러 가지 증류기

증류기 없이 진을 생산하는 것이 가능하다 해도,
런던 진이나 디스틸드 진을 만들기 위해서는 여전히 증류기가 필수적이다.
진 증류소에서 만날 수 있는 증류기 종류에 대해 알아보자.

증류기의 형태

증류기의 형태와 높이는 증류주의 맛에 영향을 미친다.

- 키가 작고 통통한 증류기에서는 묵직한 오일이 빠르게 위로 올라갈 수 있기 때문에, 진에서 단맛이 더 많이 난다.
- 키가 큰 증류기를 사용하면 더 「깔끔한」 진이 완성되는 경향이 있다.

증류기 안에서 방향식물의 위치

증류기 안에 직접 넣거나, 작은 구멍이 많이 있는 주머니 또는 알코올 위쪽에 설치된 바구니 안에 넣는 등, 방향식물을 놓는 위치에 따라 얻을 수 있는 풍미가 달라진다. 스팀 인퓨전의 경우 방향식물의 위치는 증기가 콘덴서에 닿기 전 먼저 접촉할 수 있는 위치라면 어느 곳이나 가능하다. 다만 한 가지 주의할 점은 증기가 식물 전체와 접촉할 수 있는 형태의 바구니를 만들어야 한다는 것이다.

단식 증류기(Pot Still)

구리로 만든 증류기로 가열은 증류기 하단에서 이루어지며, 다양한 크기가 있다. 방향식물은 중성 알코올과 함께 「직접 담그기(p.54 참조)」 방식으로 증류기 내부에 직접 넣을 수 있다. 또한 알코올 증기가 통과할 수 있도록 알코올 위에 설치된 바구니 안에 방향식물을 넣어, 에센셜 오일과 아로마를 모으는 방식도 가능하다. 때로는 1대의 증류기에서 2가지 방법을 모두 사용하기도 한다.

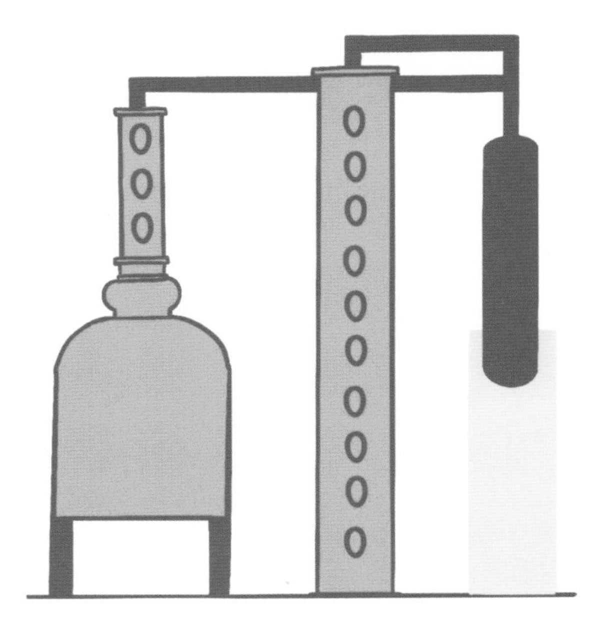

연속식 증류기(Column Still)

연속식 증류기는 알코올의 정류(Rectification), 즉 증류주의 알코올 함량을 높이기 위해 사용한다. 좁고 높은 형태로 내부에는 여러 개의 플레이트가 연속적으로 설치되어 있어, 순차적으로 물과 알코올을 분리한다. 생산자들은 연속식 증류기를 사용해 규정을 충족시키는, 베이스가 될 중성 알코올을 자체 생산하기도 한다.

혼합식 증류기

단식 증류기와 연속식 증류기를 혼합한 형태로, 증류기의 탑 부분에 식물 재료를 직접 넣을 수 있으며, 더 가벼운 증류주를 생산한다.

로토밥

로토밥(Rotovap, 진공회전농축기)은 크기가 매우 작으며 원래 제약 산업의 연구원들이 쓰던 도구이다. 수년 전부터 바텐더들과 증류주 생산 분야에서 점점 인기를 얻고 있지만, 당연히 소규모로 사용된다. 로토밥은 진공 상태에서 작동하는데, 내부 기압이 줄어 훨씬 낮은 온도에서 알코올 증류가 가능하다.

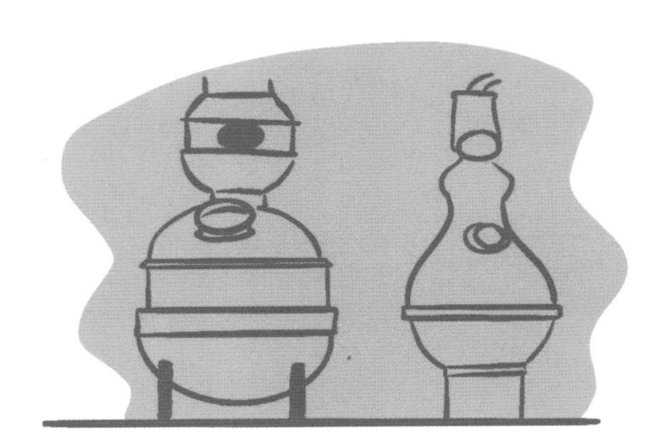

증류기의 연합

일부 증류소에서는 여러 종류의 증류기를 함께 사용한다. 특히 헨드릭스 진이 대표적인데, 이 증류소에서는 1860년대 런던의 주물업자들이 만든 「베넷 증류기(Bennett Still)」와 「카터-헤드 증류기(Carter-Head Still)」를 사용한다. 베넷 증류기는 강하고 진한 풍미의 증류주를 만들고 카터-헤드 증류기는 부드럽고 섬세한 증류주를 만든다. 이 모든 것을 섞어서 최종적으로 진을 완성한다.

컷

방향식물과 중성 알코올을 증류기 속에 넣었다. 이제 증류의 마법이 시작될 때다.
하지만 진의 아로마 프로필을 완성하기 위해, 중요한 단계가 아직 남아 있다.
바로 「컷(cut)」 단계이다.

컷이란?

증류과정에서 증류액을 일부는 남기고 일부는 버리는데, 컷은 증류액을 초류(헤드), 중류(미들 컷), 후류(테일)로 분류하는 작업이다. 증류액은 증류기 내에서 이 순서대로 응축되는데, 디스틸러들은 그중 중류를 보관하여 숙성시키거나 바로 병입한다. 생산량과 원하는 풍미를 최대한 충족시키는 컷을 완성하기 위해 오랜 시간이 걸리기도 한다. 중류를 너무 짧게 잡으면 생산자에게 금전적 손실이 생기고, 너무 길게 잡으면 진에 원치 않는 성분이 들어갈 수 있으므로, 적절한 균형을 찾는 것이 중요하다.

컷은 어떻게 진행될까?

디스틸러가 자신이 만드는 진에 부여하고 싶은 특성을 결정한 뒤, 컷 작업을 위해 매번 증류주를 시음할 필요는 없다. 디스틸러는 증류기에서 나오는 증류액의 알코올 도수를 측정하기만 하면 된다. 알코올 도수가 낮아지면 중류가 끝난 것이다.

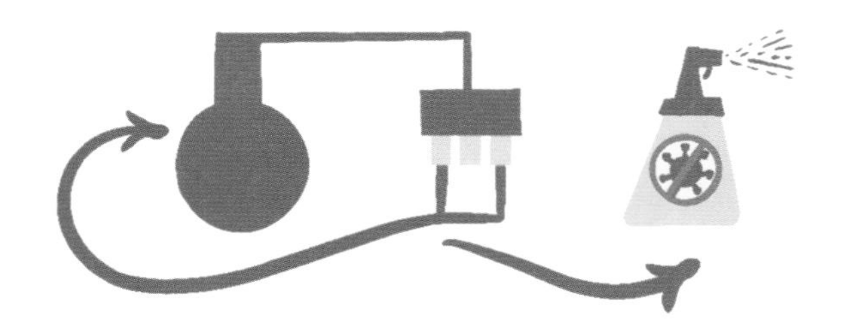

「디스틸러스 컷」 한정판

「디스틸러스 컷」이라는 이름을 붙인 리미티드 에디션은 더 이상 드물지 않다. 이런 이름을 붙인 이유는 마스터 디스틸러가 자신의 증류소 스타일에서 벗어나, 컷에서 변화를 꾀하였음을 설명하기 위해서이다. 진 매니아들 사이에서 매우 인기 있는 에디션이기도 하다.

부산물 재활용

초류와 후류는 증류 과정의 부산물로 재사용이 가능한데, 특히 다음 배치(즉 다음 증류)에서 재증류할 수 있다. 일부 증류소에서는 항 바이러스 소독제를 만드는 데 쓰기도 한다.

컷의 종류

디스틸러스 컷과 관련된 초류, 중류, 후류에 대해 알아보자.

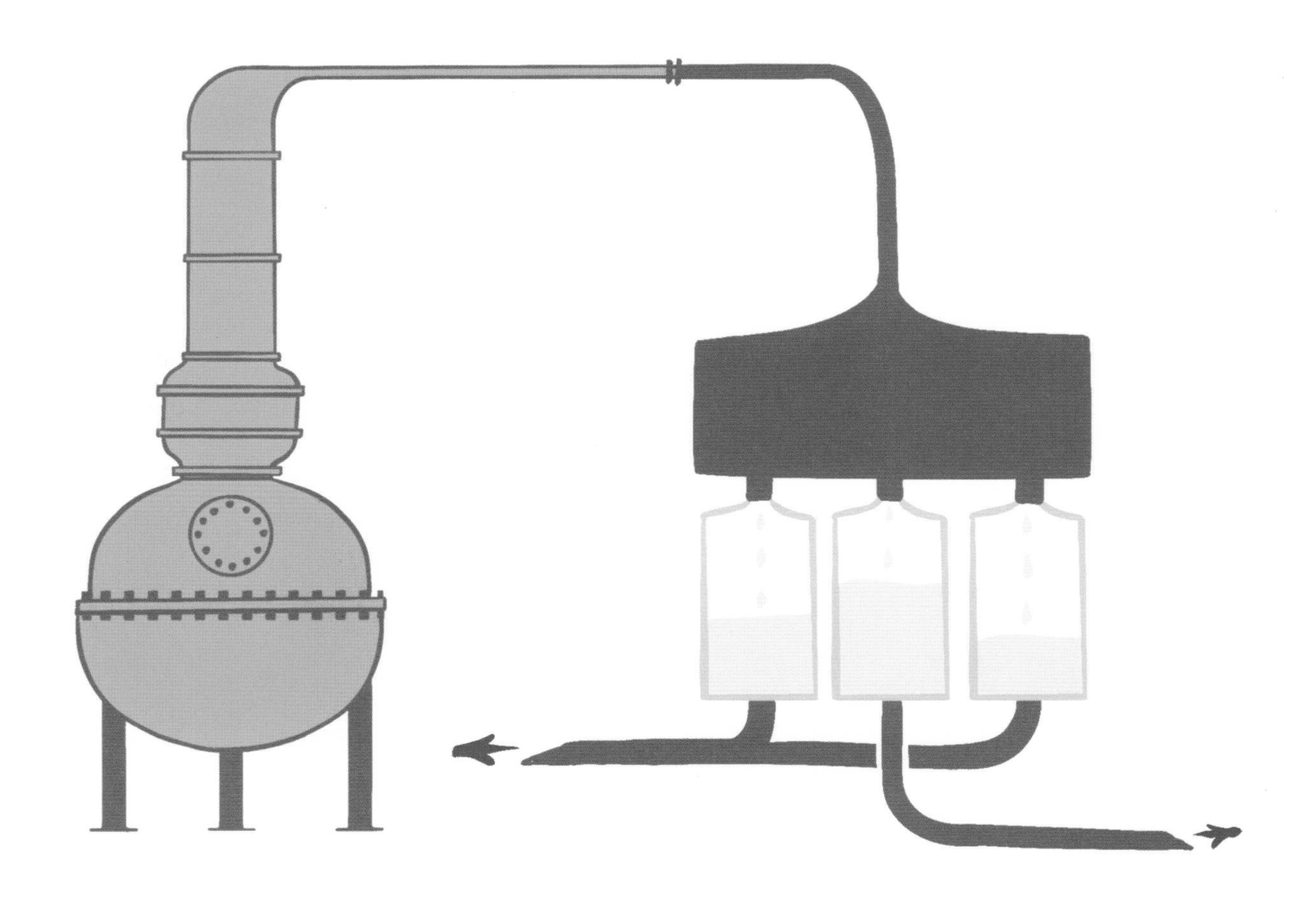

1 초류(Head)

증류 중 열의 영향으로 액체가 기화되면, 콘덴서쪽으로 이동하여 냉각을 거쳐 다시 액체가 된다. 증류기를 가열할 때 더 낮은 끓는점에서 처음 나오는 용액을 「초류」라고 한다. 여기에는 메탄올과 아세트알데히드가 포함되어 있는데, 화학적이고 불쾌한 냄새가 난다. 마스터 디스틸러는 이 용액을 최대한 제거하기 위해 컷 작업을 실행한다.

2 중류(Middle Cut)

이어서 디스틸러가 원하는 특징(특정 아로마 노트일 수도 있고, 단맛일 수도 있다)을 결정한다. 그에 따라 증류 중인 진에 남기고 싶은 아로마 노트가 풍부한 「중류」를 선택한다. 마스터 디스틸러의 전문성은 중류 안에서도 원하는 부분만을 구분하여 남길 수 있는 능력에 있다.

3 후류(Tail)

증류 마지막 단계에서 아로마와 풍미가 바뀌고 쓴맛 또는 화학적인 맛이 강해지기 시작하면, 디스틸러는 마지막 「컷」 작업을 실행한다. 이것을 「후류」라고 부른다. 후류는 일반적으로 알코올 함량이 낮고, 황산염과 지방산이 함유되어 불쾌하고 묵직하며 기름진 느낌을 준다. 초류와 마찬가지로 후류 역시 분리해서 재증류하거나 폐기한다. 후류를 빨리 컷하면 진에서 가벼운 레몬향이 나타나는 반면, 컷이 늦어지면 진이 무거워지고 흙냄새가 날 수 있다.

병입

진이 거의 완성되었다. 마지막으로 남은 단계는 병입이다.

알코올 도수의 문제

유럽의 법률에 따르면 알코올 도수가 37.5% 미만일 경우, 진이라는 이름으로 판매할 수 없다. 그런데 라벨을 보면 진의 병입 도수는 38, 39, 43, 47% 등으로 매우 다양하다.
이렇게 차이가 생기는 이유는 무엇일까? 바로 비용 문제다. 증류기에서 나온 액체의 알코올 도수는 70%에 가깝다. 이것을 37.5%로 병입할 경우, 생산자는 같은 양의 증류액으로 거의 2배 분량의 진을 생산할 수 있다.

증류주의 희석

알코올 도수를 낮추기 위해서는 당연히 물을 넣어야 한다. 그러나 그냥 아무렇게나 넣는 것이 아니다. 물과 알코올이 섞이면, 물 분자가 에탄올 분자를 감싸고 에탄올 분자가 용해된다. 두 물질이 섞이면 액체의 전체 부피는 감소한다.
희석은 밀도를 고려한 수학적 공식에 따라 이루어진다. 그러나 여기서 더 복잡한 점은 주변 온도도 고려해야 한다는 것이다. 열도 영향을 미치기 때문이다.
시간 역시 고려해야 할 중요한 요소이다. 물을 에탄올과 섞는 작업은 분자들이 충돌하지 않도록 천천히 진행해야 한다. 지나치게 빨리 섞을 경우, 알코올이 뿌옇게 변하며 풍미가 달라질 수 있다. 「비누화(Saponification)」라고 불리는 화학 반응이 일어나면 그 이름처럼 증류주에서 비누맛이 난다.
그렇다면 희석 과정에는 시간이 얼마나 걸릴까? 모든 것은 증류소에 따라 다르다. 일부는 24시간 안에 희석을 마치기도 하지만, 4~5일이 걸리는 곳도 있다.

멀티샷 진의 경우

p.59에서 설명한 것처럼, 일부 진 생산자들은 풍미를 농축시키고 1회 증류에서 더 많은 양의 진을 생산하기 위해 멀티샷 방식을 사용한다. 그럴 경우 물뿐 아니라 중성 알코올도 적절한 비율로 추가하는데, 이때 사용하는 알코올은 처음 증류하는 과정에서 사용한 것과 같은 품질이어야 한다.

병입에 적합한 알코올 도수는?

정해진 규칙은 없다. 일반적으로 적합한 도수는 마스터 디스틸러의 끊임없는 테스트 후 결정되며, 이는 비밀 레시피의 가장 중요한 부분에 해당된다. 또한, 동족체(Congeners)*를 많이 함유한 진은 증류주가 뿌옇게 변하는 「루시스망(Louchissement)」 현상을 피하기 위해, 더 높은 도수로 병입해야 한다. 일부 진의 경우 아로마 보존을 위해 더 높은 도수로 병입하기도 한다. 진이 지나치게 희석되면 표면 장력이 과도하게 커져 풍미가 빠져나올 수 없게 된다. 믹솔로지용으로 만든 진의 경우, 아로마를 잘 유지하면서 칵테일로 희석하기 좋은 도수로 병입한다는 것도 알아두자.

* 동족체란 발효 중 생성되는 알코올(에탄올) 외의 물질로, 알코올 음료의 맛과 향은 대부분 동족체에서 비롯된다.

점점 더 예뻐지는 포장

병입은 진이 소비자와의 첫 만남을 위해 가장 아름다운 드레스(병)로 치장하는 일이기도 하다. 증류주업계의 생산자들은 언제나 더 아름답고 소비자의 눈길을 사로잡을 수 있는 포장을 찾기 위해 노력하고 있다.

수작업 vs 기계 작업

진을 손으로 병입하는 소규모 증류소를 찾는 일은 그리 어렵지 않다. 그러나 연간 생산량이 4천만 병 이상인 증류소에서도 수작업을 할 수는 없다.

직접 실험해보자!

알코올 도수에 따른 맛의 변화를 체험할 수 있는 실험을 소개한다. 알코올 도수 45% 이상인 진을 잔에 따라 맛을 본다. 그런 다음 물을 조금 넣고 코와 입으로 진이 어떻게 변하는지 느껴본다. 이 과정을 반복한다.

증류소 방문

진 증류소 방문은 한 번쯤 해 볼 만한 경험이다.
진을 맛보고 나면 또 오고 싶어질 위험이 있지만 말이다.

방문할 수 있을까?

대부분의 증류소가 방문객을 맞고 있지만, 일부는 생산장소를 공개하지 않아 직원이 되지 않는 한 방문이 불가능한 곳도 있다.

방문 유형?

생산도구를 중심으로 보여주는 증류소도 있지만, 사용하는 방향식물 중심의 프로그램이나 전시를 보여주는 증류소도 있다.

운전해줄 사람을 구한다

일부 소규모 증류소는 시내 한복판에 자리하기도 하지만, 많은 증류소들이 시외에 위치한다. 따라서 증류소를 방문하려면 운전이 필요한 경우가 대부분이며, 시음도 하려면 대신 운전해줄 사람이 필요하다.

방문 코스 계획

지도상에서는 증류소들이 서로 붙어있는 것처럼 보이지만, 자세히 살펴보면 때로는 증류소와 증류소 사이의 이동에 1시간 이상이 걸리기도 한다. 따라서 미리 코스를 잘 계획하는 것이 중요하다.

관광객이 너무 많은 증류소는 피한다

전적으로 취향에 달린 문제이지만, 거의 박물관처럼 보이는 지나치게 큰 규모의 증류소는 피하는 것이 좋을 때도 있다. 소규모 증류소가 진 애호가들과 교류하기에 더 좋을 수 있다.

구입할 수 있는 진의 양

해외로 떠날 때마다 빠지지 않는 이야기가 있다. 바로 술은 몇 병이나 사올 수 있는가이다. 증류소에서 진을 구입하는 것은 좋은 선택이다. 한정판을 구하거나 더 저렴한 가격에 구입할 수 있는 경우도 있기 때문이다.

유럽연합 회원국의 경우 1인당 반입 가능 기준은 알코올 도수 22% 이상의 주류 1ℓ이다. 이때 더 가져갈 수 있다고 장담하는 나라에서는 주의해야 한다. 그것은 그들 나라의 기준이고 유럽의 기준이 아니기 때문에, 입국할 때 구입한 주류를 압수당할 수 있다.

면세점

증류소 안에서 동분서주하고 싶지 않다면, 면세점을 이용할 수 있다. 가격 면에서는 크게 유리한 부분은 없지만, 공항용으로 특별히 출시된 한정판을 구할 수 있을지도 모른다.

가 볼 만한 증류소

- 봄베이 사파이어(Bombay Sapphire)
- 몽키 47(Monkey 47)_ 토요일만 가능
- 십스미스(Sipsmith)
- 시티 오브 런던 디스틸러리(City of London Distillery)
- 비피터(Beefeater)

독창적인 진

17세기에 약용으로 만들어진 뒤 진화를 거듭하고 있는 진은,
때때로 매우 독특한 재료들과 어우러지기도 한다.

세계에서 가장 비싼 진: 잼 자 진 모루스 LXIV (Jam Jar Gin Morus LXIV)

오래된 뽕나무잎을 증류하여 만든 영국 진으로 생산하는 데 2년 이상 걸리고, 가격은 700㎖ 1병이 5,000유로에 달한다. 그러나 이 가격에는 진을 담은 수제 백자 도자기와 그에 어울리는 시음용 등자 잔(Stirrup Cup)이 포함되어 있다. 잔 표면은 손으로 무늬를 새긴 가죽케이스로 싸여 있다.

바오밥 진: 엘리펀트 진 (Elephant Gin)

아프리카 대륙에서 영감을 받아 만든 엘리펀트 진은, 아프리카 코끼리를 보호하는 데 도움을 주고 있다. 코끼리가 좋아하는 바오밥나무 열매(Monkey Bread)를 레시피에 사용하며, 그 외에도 익모초(Lion's Tail), 천수근(Devil's Claw) 같은 아프리카 허브를 사용한다. 모든 생산 과정은 독일에서 이루어진다.

푸딩 진: 세이크리드 크리스마스 푸딩 진 (Sacred Christmas Pudding Gin)

런던 하이게이트 지역에 위치한 세이크리드는 소규모 증류소로, 가장 클래식한 스타일부터 엉뚱한 스타일에 이르기까지 다양한 진공 증류주를 생산하고 있다. 이 제품은 크리스마스 푸딩 8㎏을 영국산 곡물로 만든 알코올에 2달 동안 담가 향을 우려낸 뒤, 이것을 다시 증류하여 만든 크리스마스 푸딩 진이다. 달콤하고 스파이시한 향이 난다.

칠면조 가슴살 진: 포르토벨로 로드 페추가 진 (Portobello Road Pechuga Gin)

이 브랜드의 실험적인 디렉터스 컷 품목 중에는 아스파라거스 진과 스모키 진 외에도, 멕시코의 메스칼 생산자들이 사용하는 특별한 생산 방식을 따라, 칠면조 가슴살을 증류기 위에 매달아 증기로 익혀서 진에 향을 더한 페추가(가금류의 가슴살) 진이 있다.

크림 베이스의 진 : 크림 진(Cream Gin)

오래된 레시피에서 영감을 받아 최신 생산 방식으로 만든 크림 진은, 저온 증류한 크렘 프레슈(Crème Fraîche)를 방향 식물처럼 사용하여 만든다. 크림 진은 워십 스트릿 위슬링 숍(Worship Street Whistling Shop)의 시그니처 칵테일인 블랙 캣츠 마티니(Black Cat's Martini)의 주재료로 사용된다.

소고기향 진 : 부처스 진(Butcher's Gin)

소고기를 우려낸 진. 벨기에의 한 정육점 주인은 고기를 마리네이드할 때 사용하는 레시피가, 진에 사용되는 향신료 믹스 레시피와 다르지 않다는 데서 아이디어를 얻어 이 진을 만들었다. 마리네이드 혼합물에 말린 고기를 조금 섞어 향을 냈다.

대마초 진 : 암바리(Ambary)

2018년 암바리 스피리츠는 진에 향을 내기 위해 다시 대마를 사용할 수 있게 되었다(영국에서는 1928년 대마를 금지했다). 레몬 제스트, 핑크 페퍼, 주니퍼베리와 함께 대마로 향을 낸 암바리에서는 흙과 풀의 풍미가 느껴진다.

개미 진 : 앤티 진(Anty Gin)

곤충을 재료로 사용한 세계 최초의 진. 1병의 가격이 200파운드에 달하는 앤티 진은 말 그대로 개미로 만든 진이다. 1병당 약 62마리 분량의 홍개미(Formica Rufa) 에센스와 주니퍼베리, 쐐기풀 등이 들어간다.

진은 어렵지 않아

CHAPTER 3 : 시음

시음

LA DÉGUSTATION

겉보기엔 특별할 것 없는 화이트 스피릿이지만, 진을 시음하는 것은 결코 쓸데없는 일이 아니다. 몇 가지 단계와 팁을 따라 하다 보면, 어느새 진 속에 숨겨진 수많은 특징을 발견하게 될 것이다. 또한 이러한 경험을 통해 진을 더 잘 이해하고, 진의 풍미를 표현할 적절한 용어를 찾고, 다른 진도 시음하고 싶어질 것이다. 한 잔의 진을 손에 들고, 오감의 세계로 떠나보자.

CHAPTER 3 : 시음

진은 어렵지 않아

시음 준비

원하는 진을 구했다고, 바로 성급하게 뚜껑을 열 필요는 없다.
진 생산자의 작업을 화가의 작업에 비유하곤 하는데,
결과물에 담긴 뉘앙스를 첫눈에 모두 알아볼 수는 없기 때문이다.
그러나 몇 가지 팁을 알면 좋아하는 진을 좀 더 쉽게 이해할 수 있다.

체크 리스트 : 피해야 할 실수

1 성급함

시음은 기분 좋은 순간이어야 한다. 성급함은 시음을 망치는 주범 중 하나이다. 시음을 시작하기 전에 시간을 충분히 확보하고, 휴대전화나 아이들로 인해 방해받지 않도록 미리 준비한다.

2 타인의 의견

시음 뒤에 느끼는 감상은 매우 개인적인 것이다. 누군가가 어떤 진이 좋다고 또는 나쁘다고 말하거나, 반드시 이런저런 아로마를 느껴야 한다고 말하는 것에 영향을 받지 않도록 주의한다. 자신의 감각이 이끄는 대로 따라가면 된다.

3 어울리지 않는 멤버

시음은 교류하고 공유하는 시간이기도 하다. 가족, 친구, 동료 중 시음에 참여할 구성원을 신중하게 골라야 한다. 말이 너무 많은 사람, 자신이 모든 것을 다 알고 있고 그것이 전부 옳다고 믿는 사람뿐 아니라, 시음을 길고 지루하게 만들 수 있는 모든 사람을 제외한다.

4 잘못된 장소

부적절한 장소에서 시음하는 것만큼 안 좋은 일은 없다. 완벽한 장소를 찾아야 한다는 강박에 빠질 필요는 없지만, 건조하고, 냄새가 나지 않고, 음악소리가 너무 시끄럽지 않은 장소가 좋다. 그리고 모든 참여자가 편안하게 자리를 잡았는지 확인한다. 1시간 넘게 서 있어야 하는 시음회는 모두를 불편하게 한다.

5 잘못된 순서

알코올 도수가 55% 이상인 진부터 시음을 시작한다면, 다음에 마시는 39% 진의 섬세한 향은 느끼기 어렵다. 시음은 항상 약한 것부터 강한 것 순서로 진행한다. 같은 증류소의 진, 같은 나라에서 생산된 진 등과 같이 주제별 시음을 제안하는 것도 좋다. 자유롭게 상상력을 발휘해 보자.

6 물 없이 시음하기

물은 시음할 때 다음 진을 시음하기 전 입안을 헹궈주는 역할을 한다. 시음자들이 선호하는 볼빅(Volvic) 생수처럼 맛이 중성적인 생수를 고르는 것이 좋다. 만약 수돗물을 사용한다면, 시음하기 1시간 전에 미리 받아서 염소 성분을 날린다.

7 빈속에 마시기

알코올 도수가 37.5%가 넘는 진을 마시다 보면, 3번째 잔부터는 시작하기 전에 무언가 먹어두지 않은 것을 후회하게 된다. 게다가 시음은 보통 식욕을 돋우기 때문에, 시음할 진에 어울리는 간단한 안주를 준비해두는 것이 좋다.

8 숙취 해소제에 의지하기

p.96에서 숙취 해소에 도움이 되는 몇 가지 방법을 소개하긴 했지만, 맹신은 금물이다. 시음에는 언제나 절제가 필요하다.

특별한 진

시음을 멋지게 마무리하기 위해, 할 수 있다면 특별한 진을 한 병 제공해보자. 리미티드 에디션이나 일반 사람들에게는 낯선 산지에서 생산된 진도 좋다. 그리고 사전에 그 진에 대해 자세히 조사하여, 손님들에게 이야기를 들려주는 것이다. 모두가 그 시음회를 특별한 순간으로 기억할 것이다.

레퍼런스 보틀

자신의 건강 상태나 컨디션이 시음에 적합한 상태인지 알아보는 좋은 방법은, 시음의 기준이 되는 진을 하나 정해두는 것이다. 그리고 항상 그 진으로 시음을 시작한다. 평소와 다름없는 느낌이라면 시음을 계속 진행한다. 그렇지 않다면 그날은 시음을 중단하는 것이 좋다. 또는 적어도 그 시음 중에 느낀 특징에 대해서는 중요하게 생각하지 않는 것이 좋다.

시음노트?

많은 초보자들이 시음 중 시음노트 쓰는 것을 어렵게 생각한다. 자신의 기억력을 믿는 사람에게는 시음노트 작성이 시간 낭비나 쓸데없는 일처럼 보일 수도 있다. 그러나 시음노트를 작성하고 정기적으로 다시 읽어보면 자신의 취향이 어떻게 발전해왔는지 알 수 있으며, 이를 통해 다음 시음에서 더 많은 즐거움을 누릴 수 있다.

시음 이해하기

시음은 단순히 술을 마시는 행위 그 이상이다. 화이트 스피릿은 숙성 과정이 없어 고급스러움이나 복합성이 떨어진다고 생각하기 쉽지만, 그럼에도 시음은 우리의 모든 감각을 동원하는 진정한 예술이다. 그렇기 때문에 사람들은 같은 진을 마셔도 저마다 다른 느낌을 받는다. 진 제조사가 경쟁사 제품보다 더 큰 호감을 얻기 위해, 막대한 비용을 투자하는 것도 놀라운 일이 아니다.

인지신경과학 이야기

시음은 매우 과학적인 주제, 특히 뇌에서 일어나는 일에 대해 생각해볼 기회이기도 하다. 「인지신경과학」이라는 이름 뒤에는 지각, 운동기능, 언어, 기억, 추론, 더 나아가 감정에 이르기까지, 인지의 기반이 되는 신경생물학적 메커니즘을 연구하는 분야가 존재한다.

첫 시음

커피나 맥주처럼 진도 첫 모금을 마시고 좋아하게 되는 경우가 많지 않다. 그런데 왜 사람들은 진을 계속 마실까? 시음을 반복하면서 머릿속에 진의 스타일과 풍미 등에 대한 기억이 쌓이고, 그러한 경험을 통해 진의 맛을 즐길 수 있게 되기 때문이다.

왜 시음이 두려울까?

많은 전문가 그리고 전문가인 척하는 사람들이 과장된 말을 늘어놓고 자신이 느낀 감각을 따르도록 참가자에게 강요하면서, 시음을 끔찍하게 지루한 것으로 만들어 버렸다. 하지만 시음은 교류의 시간이자, 함께하는 즐거운 시간이어야 한다. 모두가 같은 아로마나 감각을 느끼지 않는 것은 너무나 정상적인 일이다. 당황하지 말자. 시음은 쾌락적이고 창조적이며 개인적인 모험이다. 그리고 어디까지나 즐거워야 한다. 그렇게 계속 시음을 하다 보면 각자의 기억에 새겨지는 맛과 향, 감정이 더욱 풍부해지며 발전하게 될 것이다.

시음을 시작하기 위한 열쇠

처음에는 아로마를 찾는 것이 마치 시험처럼 어렵게 느껴질 수 있다. 한 가지 도움이 되는 방법은 여러분의 잔에 담긴 진을, 각자의 기억과 연결 짓는 것이다. 예를 들어 「이 진은 어떤 향신료가 들어간 레시피가 떠오르게 한다」처럼 말이다. 그 기억이 시음하는 진의 맛을 구분하는 데 도움이 될 것이다. 이 연습을 매일 먹고 마시는 다른 모든 식품에 적용해보자. 그러면 다음 시음회에서는 좀 더 섬세해진 감각을 느낄 수 있을 것이다.

모든 것은 시각에서 시작된다

TV에서 요리 프로그램을 보며 입맛을 다셔보지 않은 사람이 있을까? 시각은 시음에 영향을 준다. 그래서 많은 진 브랜드가 플레이버드 진과 빨간색, 분홍색, 오렌지색 등 색을 입힌 진을 출시하여, 진의 무색투명한 면을 보완하고자 한다. 그러니 속지 말자. 보기 좋은 음식은 우리의 감각을 자극하고 음식을 즐기는 재미를 더해준다. 그러나 상상 속 맛이 진의 실제 맛을 감추면 안 된다. 또한 투명도도 잘 살펴봐야 한다. 색조나 색상이 있는지, 탁한지 투명한지 잘 관찰하자.

소비자를 속이기 위한 술수

- 예쁘고 잘생긴 점원, 또는 박람회의 화려한 부스.
- 매혹적인 형태의 아름다운 병.
- 예술적인 라벨과 이국적인 이름.
- 과거에 수상한 메달과 상으로 장식한 아름다운 포장.

촉감

진의 향을 맡기 전에도 뇌 속의 여러 영역은 이미 깨어있다. 병과 잔을 만졌을 때의 무게, 온도(뜨겁거나 차갑거나), 모양 역시 시음에 영향을 미친다.

소비자를 속이기 위한 술수

- 고급스러운 느낌을 주는 묵직한 병.
- 시음할 때 사용하는 도구의 촉감.

소리

소리 역시 시음에서 중요한 역할을 한다. 수년 전부터 음식에서 나는 소리가 시식이나 시음에 영향을 미친다는 것을 입증하는 연구가 증가하고 있다.

소비자를 속이기 위한 술수

- 쥘 베른의 소설에 어울릴 법한, 먼 곳으로 떠나는 여행을 연상시키는 멋진 이름.
- 포장에 적힌 「로스팅한 허브의 노트」, 「주니퍼나무가 있는 들판에 부는 바람의 향기」 같은 아로마에 대한 표현.
- 시음에 곁들이는 바삭한 안주나 발포성이 강한 탄산수.

후각

여기서부터 본격적인 작업이 시작된다. 그리고 속임수는 더 복잡해진다. 어떤 사람은 다른 사람보다 후각을 더 쉽게 사용한다. 다행히 대부분의 사람들은 약간의 연습으로 후각을 발달시킬 수 있다.
또한 후각적인 면에서 개가 인간보다 더 우월하다고 생각하지는 말자. 특정 냄새에 대해서는 인간이 개나 설치류보다 더 민감할 수 있고, 다른 냄새에 대해서는 더 둔하다.

미각

먼저 진을 잔 안에서 빙글빙글 돌린 뒤 한 모금 마신다. 바로 삼키지 말고 그대로 몇 초 동안 입안에 진을 머금고 맛을 확인한다.
혀 위에 닿아야만 진 안에 들어 있는 방향식물의 풍미를 모두 발견하고 느낄 수 있다. 만약 첫 모금에서 이러한 다양성을 느낄 수 없다면, 다시 한 모금 마셔본다. 진의 진정한 풍미를 느끼고 나면, 다음은 입안과 혀끝에서 느껴지는 감각과, 진을 삼킬 때 목넘김이 부드러운지 거친지에 대해 주의 깊게 살펴볼 차례이다. 다양한 스타일의 진에는 저마다 다른 질감이 있어서, 다양한 감각을 제공한다. 자, 이제 스스로 느껴보자.

직접 테스트해보자!

시음 조건의 중요성에 대해 의문점이 있다면, 같은 진을 다른 조건에서 시음해보자. 더운 곳, 추운 곳, 실내, 실외에서 말이다. 사용하는 잔도 바꿔본다. 이러한 변화에 따라 같은 진에서도 다른 맛을 느끼게 될 것이다.

진의 위대한 이름

헨드릭스

불과 수십 년 전 스코틀랜드에서 만들어진 진이지만, 수백 년 된 증류기에서 증류되며 빅토리아 시대를 연상시키는 병에 담겨 있다. 세기를 넘나들며 그 시간을 최대한 활용한 헨드릭스(Hendrick's) 진은, 틈새를 노려 런던 드라이 진이 아닌 진을 다시 부활시킨 주인공으로, 기발함과 진한 초현실주의적 색채를 띠고 있다.

1999년에 탄생한 헨드릭스 진은 먼저 미국에서 출시되어 성공을 거두었고, 그에 힘입어 4년 뒤 유럽시장에서 자리를 잡았다. 전해지는 이야기에 따르면 윌리엄그랜트앤선즈(William Grant & Sons) 그룹의 마스터 디스틸러인 데이비드 스튜어트(David Stewart)는, 어느 날 스코틀랜드의 최고령자이자 유명 디스틸러 윌리엄 그랜트(William Grant)의 손녀였던 자넷 쉬드 로버츠(Janet Sheed Roberts)를 방문하였다. 진 애호가였던 데이비드는 자넷 여사의 장미 정원에서 오이 샌드위치와 함께 진을 한 잔 마셨는데, 그처럼 다른 향기의 조화에서 강렬한 인상을 받았다. 덕분에 데이비드는 장미와 오이 향이 나는 진을 개발하게 되었는데, 스카치 위스키의 디스틸러인 그는 진 브랜드에 자신의 이름을 붙이는 것을 주저했다고 한다. 결국 데이비드는 자신이 만든 진에 헨드릭스라는 이름을 붙였는데, 헨드릭스는 자넷 여사의 정원사로 데이비드가 처음 영감을 받은 순간 대화를 나누었던 상대이다.

데이비드의 아이디어는 1860년대에 만들어진 오래된 베넷 증류기로 증류한 주니퍼베리 증류주와, 카터 헤드 증류기로 만든 훨씬 더 가볍고 섬세한 증류주를 배합하는 것이었는데, 여기에 오이와 장미꽃잎 에센스를 더하여 헨드릭스 진 특유의 상쾌한 풍미를 완성하였다.

알코올이 인체에 미치는 영향

한 모금의 진이 입안으로 흘러 들어가는 순간,
우리 몸에서는 걸리버의 모험이 시작된다. 어떤 일이 일어나는지 알아보자.

남녀의 알코올 흡수력은 같지 않다

혈중 알코올 농도는 인체의 수분량에 따라 달라진다. 알코올은 지방 속에서는 물속에서보다 잘 용해되지 않는다. 여성의 장기는 남성보다 지방조직이 더 많고 체액은 더 적다. 그래서 같은 양의 술을 마셨을 때, 알코올 농도는 일반적으로 여성에게서 더 높게 나타난다.

소화기관에서 알코올의 이동 경로

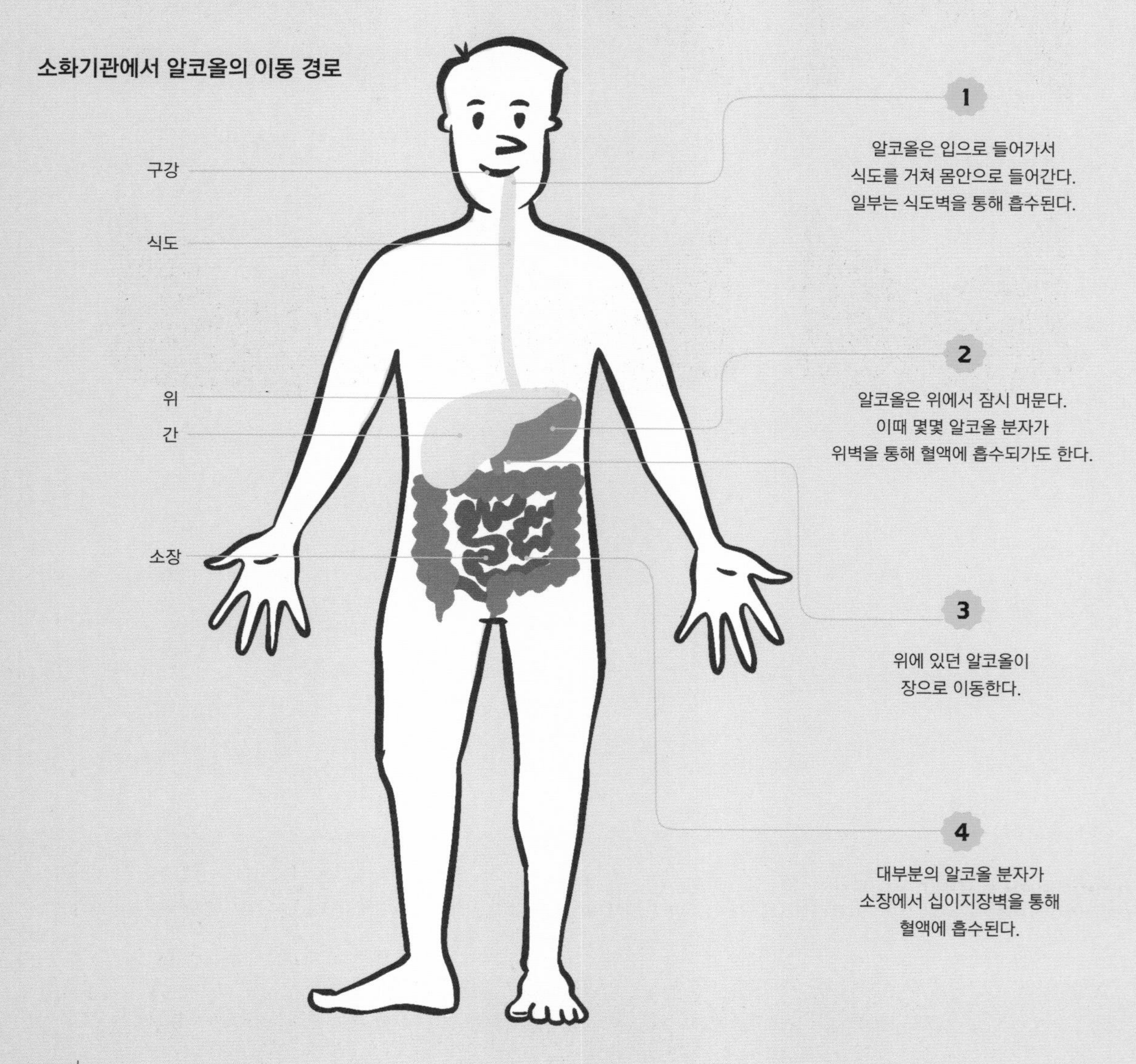

순환기관에서 알코올의 이동 경로

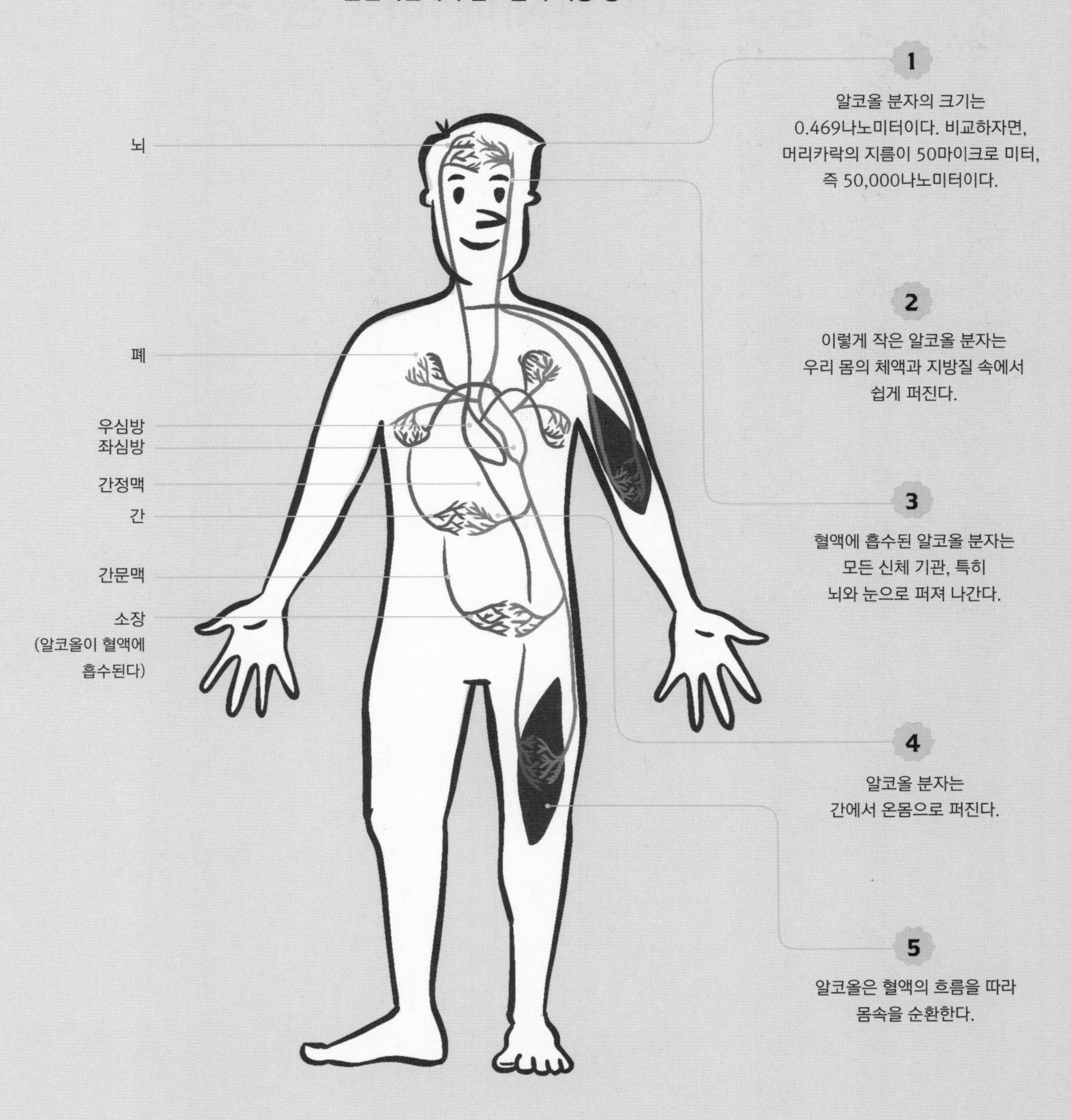

알코올의 영향을 체험할 수 있는 안경

소비자에게 음주운전에 대한 경각심을 불러일으키기 위해, 일부 단체에서는 음주체험용 안경을 써보도록 제안하기도 한다. 이 안경을 쓰면 시야가 왜곡되고, 공간지각능력이 떨어지며, 균형감각에 변화가 일어나, 기본적인 동작을 하는 데도 어려움이 따른다.

알코올의 영향

같은 술을 마셔도 알코올 섭취가 인체 기관에 미치는 영향은 여러 가지 요인에 의해 달라진다.

- 섭취한 알코올의 양
- 알코올 음료의 화학적 조성
- 음주 빈도
- 성별
- 나이

모든 술이 같은 방식으로 흡수되는 것은 아니다

진은 맥주나 와인에 비해 더 천천히 흡수된다. 진은 알코올 도수가 높아서(37.5% 이상) 위벽을 자극하기 때문에, 위에서 소장을 연결하는 유문판이 늦게 열리기 때문이다. 따라서 와인을 마시는 친구와 함께 같은 잔으로 같은 양을 마신다고 해도, 진을 마신 사람은 알코올의 영향을 더 나중에 느낀다.

숙취의 원인

일단 혈액으로 흡수된 알코올은 먼저 수분을 함유한 기관으로 퍼진다. 그래서 혈관이 많이 분포된 뇌가 가장 먼저 영향을 받으며, 술을 마신 뒤에 머리가 아픈 것도 그 때문이다.

알코올 1유닛(unit)

비교를 위해 알코올 도수 12% 와인 1잔(100㎖)에는 알코올 도수 40% 진 1잔(25㎖)과 같은 양의 알코올이 들어 있다는 것을 알아두자. 이는 알코올 1유닛, 즉 순수 알코올 10g을 뜻한다.

알코올 의존증에 주의

시음은 언제나 즐거워야 한다. 이것이 욕구가 되기 시작한다면 의사를 찾아가야 할 때이다.

진의 위대한 이름

몽키 47

몽키 47이라는 이름은 원숭이와 진에 사용한 47가지 재료를 의미한다. 이 진의 놀라운 역사는 제2차 세계대전 말까지 거슬러 올라간다. 영국의 공군 장교였던 몽고메리 콜린스(Montgomery Collins) 중령은 여행가이자 모험가로, 군대를 떠나 베를린 재건에 참여하기로 결심하였다. 그곳에서 그는 도시 동물원의 잔해 속에 남겨진 작은 원숭이 맥스를 발견한다. 나중에 콜린스는 슈바르츠발트(Schwarzwald, 블랙 포리스트) 지역 한가운데에 여관을 열었는데, 자신의 충실한 동반자였던 원숭이 맥스를 기리기 위해, 여관 이름을 「야생 원숭이에게」라는 뜻의 「줌 빌덴 아펜(Zum Wilden Affen)」이라고 붙였다.
한편, 자신의 고향인 영국에 대한 향수를 간직하고 있던 콜린스는, 슈바르츠발트에서 구한 현지 재료를 사용하여 직접 영국식 진을 만들기 시작하였다.
2008년 알렉산더 스타인(Alexander Stein)은 슈바르츠발트에서 사라졌던 몽키 47 진의 레시피를 발견하고, 이 진을 다시 만들기로 마음먹는다. 시작은 소극적이었지만 몽키 47은 빠르게 큰 대회에서 수상하는 성과를 거두었고, 마침내 뉴 웨이브 진의 기준으로 인정받기에 이른다. 몽키 47은 2017년 페르노 리카(Pernod-Ricard)에 인수되었다.
몽키 47에는 개별 로트 번호가 부여되며, 여과를 거치지 않고 병입된다. 갈색 유리병은 특별히 개발된 것으로, 오래된 약병의 전통적인 디자인을 재현한 것이다. 갈색 유리는 자외선으로부터 휘발성 아로마를 보호하는 역할을 한다.

진의 풍미

진만큼 다양한 풍미와 향을 선사하는 증류주는 드물다. 런던 드라이 진은 중성 알코올 베이스를 소량의 방향식물과 함께 재증류하여 만드는데, 다른 재료들보다 두드러지는 한 가지는 바로 주니퍼베리다. 최근 등장한 새로운 유형의 진들은 매우 다양한 풍미를 갖고 있는데, 오크통 숙성을 거치는 뉴 웨스턴 진이나 일본 진 등이 있다. 진 한 잔에 담긴 모든 뉘앙스를 파헤쳐보자.

화학 이야기

각각의 방향식물은 진에 고유의 아로마 분자 혼합체를 전달한다. 그중 일부는 증류 과정을 거치면서 새로운 분자를 만들어내기도 한다. 일반적으로 증류를 한 번 거친 재료의 아로마와 풍미는 원재료의 아로마나 풍미와는 전혀 다르다. 예를 들어, 멜레게타(Melegueta)는 요리에 후추 대용으로 사용하는데, 증류를 거치면 라벤더 노트가 느껴지는 달콤한 향신료향이 난다. 이러한 휘발성 분자들은 「테르펜(Terpene)」이라는 이름으로도 알려져 있는데, 각각의 진이 가진 독특한 풍미의 중추 역할을 한다. 진에서 가장 흔히 볼 수 있는 테르펜은 알파-피넨(α-Pinene), 베타-미르센(β-Myrcene), 리모넨(Limonene)이다. 이 3가지 물질은 주니퍼베리에서 유래된 것이지만, 코리앤더, 감귤류 제스트와 같이 진에 자주 사용되는 다른 방향식물에도 함유되어 있다.

재료가 진에 미치는 영향

진의 향에 영향을 미치는 주된 요소는 방향식물, 오일, 에센스이고, 각각 다른 방식으로 첨가된다.
그중 여러 진에 사용되는 가장 중요한 몇 가지 재료를 살펴보자.

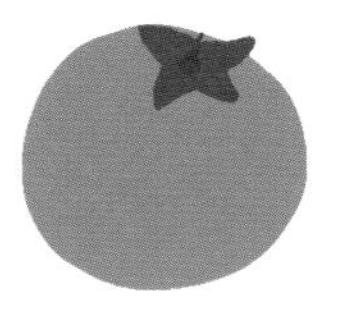

주니퍼베리

독특하고 상쾌한 소나무향을 준다.

고수씨

스파이시한 향을 내며, 산지에 따라 생강이나 세이지처럼 후추향이 감돌기도 한다.

안젤리카 뿌리

머스크향과 흙냄새를 준다.

감귤류 껍질

다른 방향식물들을 보완하는 역할을 하여 톡 쏘는 복합적인 풍미를 준다. 레몬, 라임, 자몽, 포멜로, 베르가모트, 스위트 또는 비터 오렌지를 사용한다.

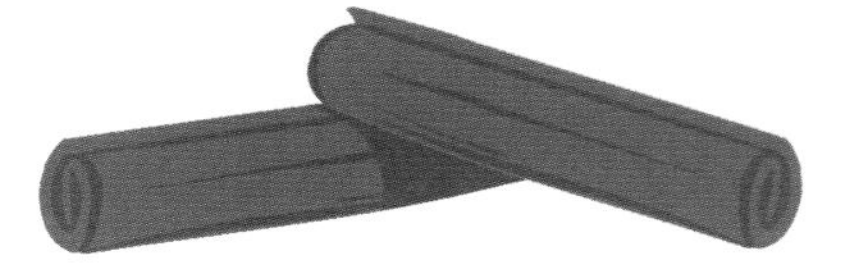

시나몬, 카시아 껍질, 감초 뿌리

좀 더 단 향을 내는 재료들로, 더 쓰거나 꽃향 또는 흙냄새를 내는 재료들과 균형을 이루는 역할을 한다.

진의 아로마 휠

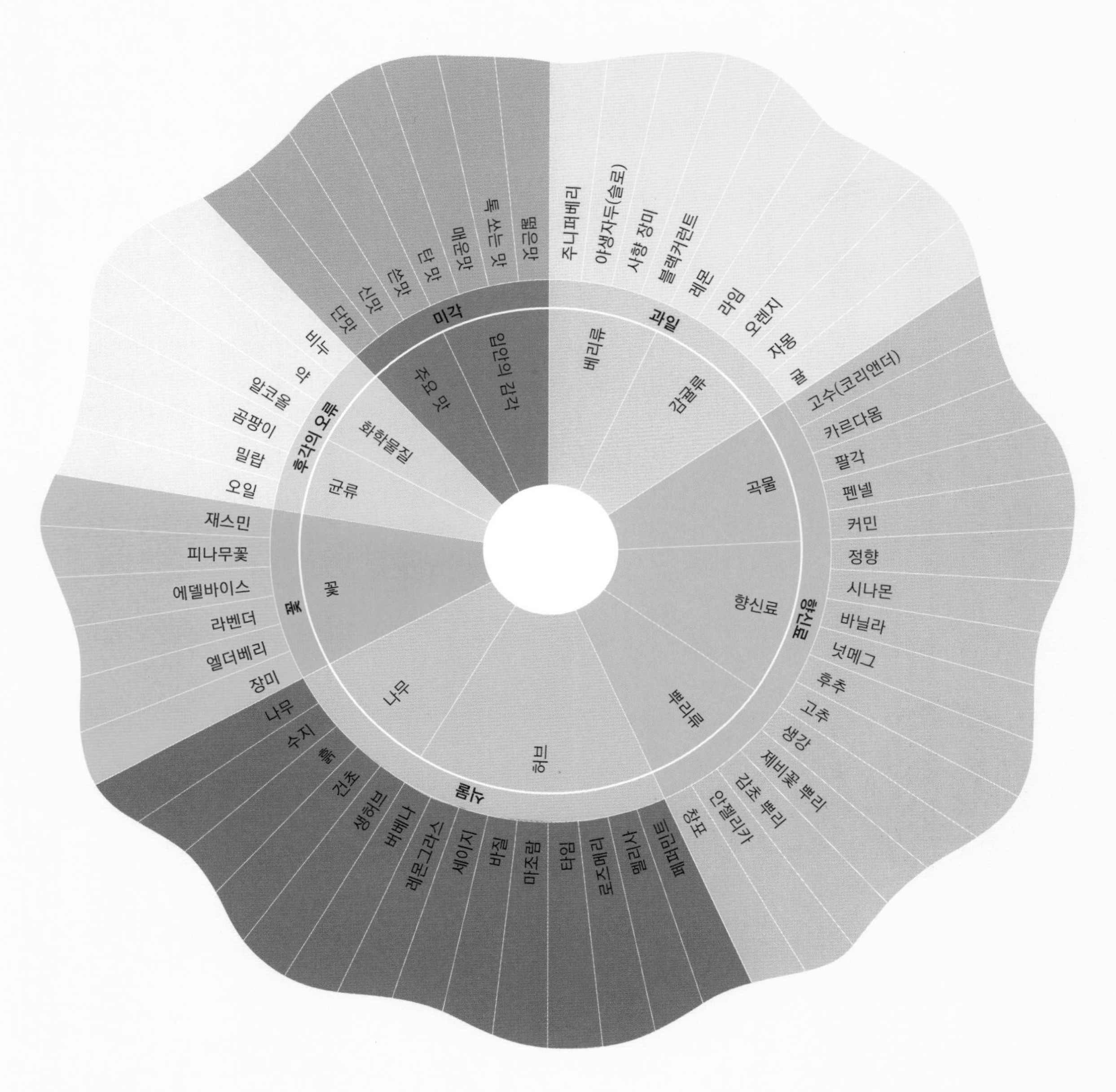

TIP

아로마를 발산시키고 알코올을 완화하기 위해, 진이 들어 있는 잔에 물을 조금 섞은 뒤 향을 맡는다.

진 종류별 시음

선택한 진의 종류에 따라 상당히 다른 시음을 경험할 수 있다.
4가지 주요 진과 그 특성을 살펴보고 전문가처럼 진을 시음해보자.

런던 드라이 진 : 주니퍼베리와 천연 아로마

런던 드라이 진(London Dry Gin)에서는 주니퍼의 풍미가 지배적이며, 크리스마스트리를 연상시키는 향이 난다. 일부 런던 드라이 진은 증류 전에 신선한 감귤류 껍질이나 말린 껍질을 넣어 강한 감귤류 풍미를 내기도 한다.

「드라이 진」이라고 부르는 것은 (인공)향료를 넣지 않았음을 뜻하며, 모든 풍미는 천연으로 식물에서 유래된 것이다. 만일 진에서 달콤한 향이 느껴진다면, 감초 같은 재료를 사용했을 가능성이 높다.

플리머스 진 : 감귤류와 향신료

감귤류를 더 많이 사용하는 플리머스 진(Plymouth Gin)의 풍미는, 런던 드라이 진보다 더 드라이하다. 또한 주니퍼베리, 고수씨, 말린 스위트 오렌지 껍질, 카르다몸, 안젤리카 뿌리, 아이리스 뿌리 등 6가지 식물 재료를 사용하여 피니시가 더욱 스파이시하다. 흙냄새가 조금 더 나고 주니퍼향은 더 부드러운 느낌이다. 질감은 오일처럼 매끄러워서 마티니, 네그로니 등 살짝 씁쓸한 맛이 있는 칵테일에 잘 어울린다.

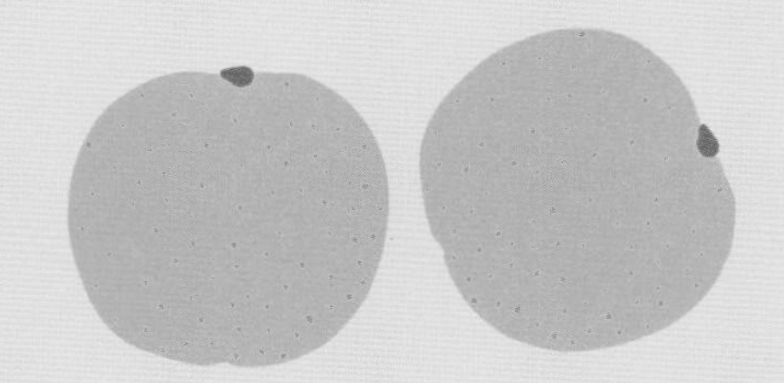

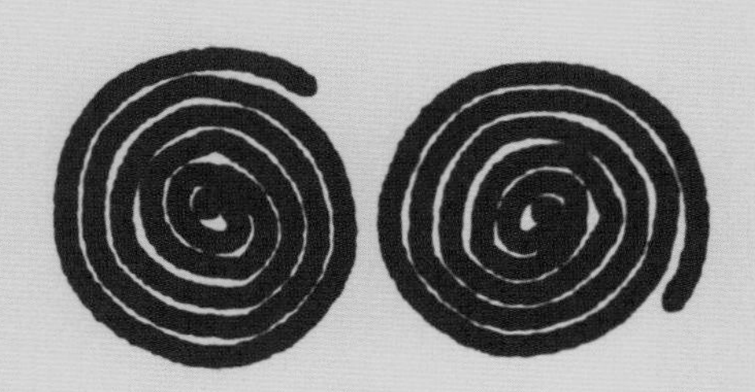

올드 톰 진 : 풍부한 맛

예전의 나쁜 평판이 여전히 남아 있기는 하지만, 올드 톰 진(Old Tom Gin)은 매우 좋은 진으로, 보통 방향식물을 넣고 증류한다. 증류할 때 다른 진보다 많은 양의 감초를 넣기 때문에 상당히 달콤한 편이지만, 감초맛은 많이 나지 않는다. 이러한 재료의 균형은 질감과 맛의 인식에 영향을 미쳐, 런던 드라이 진보다 더 풍부한 풍미를 자랑한다.

맛을 더 부드럽게 만들기 위해 일부 생산자는 설탕을 섞기도 하고, 방향식물을 사용하는 생산자도 있다. 칵테일에 사용하기 전에는 반드시 맛을 보도록 한다.

예네버르(네덜란드) : 강한 맥아향

위스키와 비슷한 특유의 제조 방식 때문에 예네버르(Jenever)에는 투박한 풍미가 있다. 주니퍼베리와 방향식물로 향을 내는 것은 같지만 다른 진에 비해 적게 사용하기 때문에, 런던 드라이 진처럼 주니퍼베리의 향이 지배적이지 않고, 실제로 맥아향이 훨씬 더 강하다. 그 외에도 더 강한 흙냄새와 함께 정향, 캐러웨이, 생강, 넛메그 등의 풍미를 느낄 수 있다. 예네버르에서는 감귤류의 노트를 찾지 않는 것이 좋다. 결론적으로 올드 톰 진이 풍부한 맛을 자랑한다면, 예네버르는 그 이상이다.

시음 전에 알아두자!

1. 증류 방식은 진의 아로마 특성에 큰 영향을 미친다. 방향식물에서 향을 추출하는 방식에 따라 최종 결과물은 분명히 달라진다. 96% 알코올에 식물을 인퓨징하면 다양한 테르펜(Terpene)이 추출된다.

2. 96% 알코올에 식물을 넣고 가열하면, 열의 영향을 받은 더 진한 테르펜이 추출된다. 그러나 때때로 테르펜이 손상되기도 한다.

3. 스팀 인퓨전 방식으로 열을 가해서 테르펜을 추출하면, 방향식물이 직접적으로 받는 열이 줄어들어 다양한 테르펜을 추출할 수 있다.

4. 진 시음은 재미있다. 대부분의 증류주와 달리, 진은 실제 식물에서 얻은 테르펜을 함유하고 있기 때문이다. 시음자는 복합적인 풍미를 느낄 뿐 아니라, 때로는 표현하기 힘든 복잡하고 흥미로운 향을 경험할 수 있다.

5. 후각을 잊지 말자. 아로마는 시음에서 가장 중요한 부분이다. 우리가 느끼는 맛의 80% 이상이 냄새를 통해 전해진다.

놀이 같은 시음

바로 시음을 시작하기보다는 진 라벨을 살펴보고 주니퍼베리, 레몬, 고수씨 등, 진에 사용된 원료를 미리 예상하여 준비해두자. 원료의 냄새를 맡아보고 씹어보기도 한 다음, 진의 향을 맡고 시음한다. 이러한 경험은 진에 숨겨진 비밀을 보다 쉽게 풀 수 있도록 도와주기도 하고, 때로는 도무지 알 수 없게 만들기도 한다.

토닉은 어떻게 만들어졌을까?

여기서는 진이 아니라 「토닉 워터」라고도 부르는 토닉에 대해 설명한다.
그 유명한 진토닉(Gin Tonic)에 꼭 필요한 재료인 토닉에 대해 자세히 알아보자.

역사

19세기 초, 토닉 워터는 약용 음료로 사용되었다. 의사들은 말라리아 치료를 돕기 위해 군인들에게 토닉 워터를 처방했다. 이후 토닉 워터는 바에서 「믹서(술에 타서 마시는 희석 음료)」라고 불리며, 특유의 씁쓸한 맛으로 많은 사랑을 받아왔다. 진과 환상의 궁합을 자랑하지만, 테킬라 토닉, 보드카 토닉처럼 다양한 알코올 음료에도 사용된다.

토닉이란?

「토닉(Tonic)」이란 건강에 이롭고 활력을 주는 혼합 음료를 말한다. 퀴닌(Quinine)으로 만든 식전주를 부르는 이름이기도 하다. 토닉 워터는 물, 이산화탄소, 퀴닌으로 만든 탄산음료로, 퀴닌이 특유의 쓴맛을 낸다. 일부 토닉은 설탕이나 아가베 시럽을 첨가하여 쓴맛을 조절하기도 한다. 또한 주니퍼베리나 레몬그라스, 라벤더, 엘더플라워(Elderflower), 레몬, 생강 등으로 향을 낸 토닉도 있다.

퀴닌이란?

퀴닌(Quinine, 키니네라고도 한다)은 기나나무 껍질에서 추출한 천연 알칼로이드이다. 피버 트리(Fever Tree)라고도 불리는 기나나무는 주로 남미에서 자란다. 퀴닌은 말라리아에 효과가 있어서, 초창기에 토닉 워터가 인기를 얻는 요인이 되었다. 이후 토닉 워터를 대신하여 퀴닌 알약을 말라리아 치료제로 사용하게 되었다.

다양한 토닉

오랫동안 적절한 토닉을 구하는 일은 쉽지 않았다. 생산자가 드물었고 제품의 품질도 형편없었기 때문이다. 이제 그런 시기는 끝났고, 해마다 시장이 성장하면서 새로운 브랜드와 신제품이 등장하고 있다. 널리 알려진 브랜드로 피버 트리(Fever-tree), 런던 에센스(London Essence), 쓰리 센츠(Three Cents), 펜티먼스(Fentimans), 토마스 헨리(Thomas Henry) 등이 있다.

구분해서 사용하자

토닉 워터와 스파클링 워터, 클럽 소다를 혼동하는 경우가 많다. 그러나 셋은 매우 다르다.
토닉 워터, 스파클링 워터, 클럽 소다는 탄산수의 3가지 유형이다.

토닉 워터

물, 이산화탄소, 퀴닌, 설탕이 함유되어 있다.
쓴맛이 강하고 칵테일에 자주 사용된다.

스파클링 워터

물과 이산화탄소로 이루어져 있다.
일반적인 물에 가까운 맛이다.
칵테일에는 드물게 쓰인다.

클럽 소다

물, 이산화탄소, 미네랄로 이루어져 있다.
단맛과 가벼운 짠맛이 있으며,
칵테일에 자주 쓰인다.

퀴닌을 발견한 사람은?

제약분야에서 혁명적인 변화가 한창이던 1820년, 파리에서 펠레티에(Pelletier)와 카방투(Caventou)라는 2명의 약사가 발견한 퀴닌은 많은 변화를 불러왔다. 당시에는 기나나무종의 다양성과 화학적 복합성 때문에 퀴닌 추출에 어려움을 겪고 있었는데, 두 사람이 기나나무에서 유효 성분을 추출하는 데 성공한 것이다. 이 연구는 프랑스의 과학 아카데미에서 발표되었고, 퀴닌을 일반 해열 및 말라리아 치료에 사용하는 토대가 되었다.

진과 토닉의 바람직한 조합

이제 칵테일 믹서에 대해 이해했으니 다음 단계로 넘어가자.
바로 좋은 토닉과 좋은 진을 매치하여 완벽한 조합을 찾는 것이다.

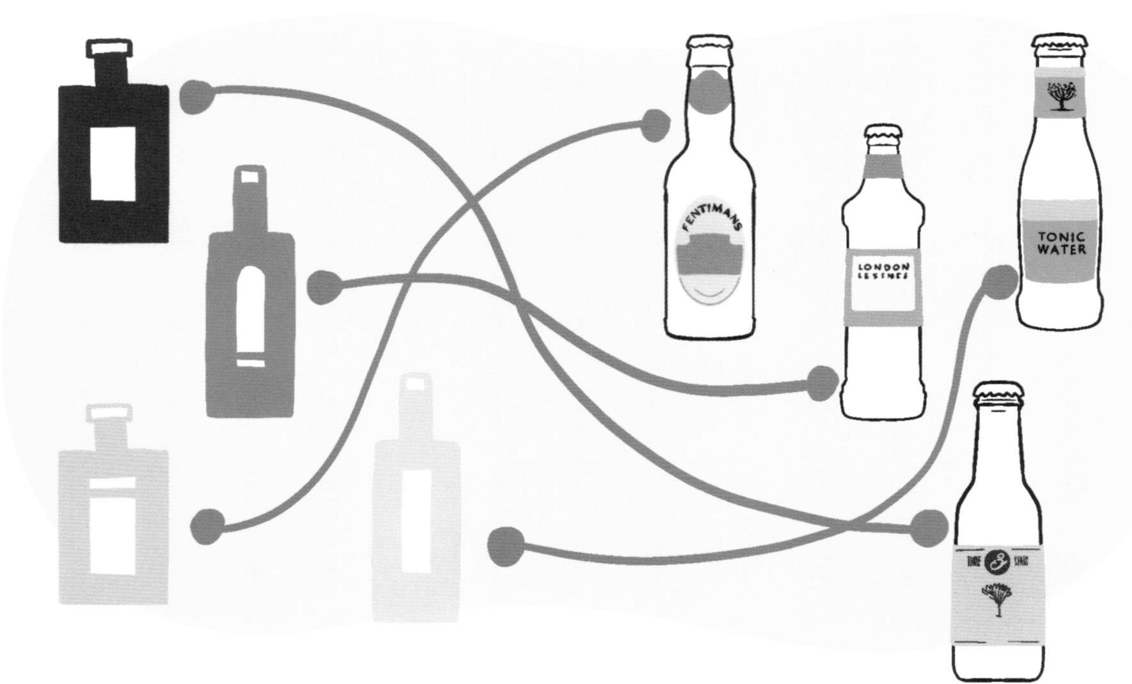

진에는 저마다 어울리는 토닉이 있다

각각의 토닉은 퀴닌이나 설탕의 함량 등, 다양한 차이가 있다. 그리고 이 차이가 토닉의 쓴맛이나 단맛을 결정짓는다. 이 밖에도 토닉의 풍미에 영향을 미치는 요소로 다양한 감귤류 재료들이 있는데, 그중 가장 많이 사용되는 것은 레몬이다.

또한 토닉은 기포의 크기나 세기에서도 차이가 나는데, 가스를 주입하는 방식이 다르기 때문이다.

토닉의 풍미는 점점 다양해지는 추세이다. 최근에는 엘더플라워, 캐모마일, 장미의 향이 첨가된 토닉이 출시되었다.

서로를 보완하는 관계

가장 중요한 점은 진과 토닉이 함께 작용한다는 것이다. 진토닉에는 진과 토닉이 1:3의 비율로 섞여 있으므로, 토닉이 맛에 미치는 영향이 크다. 2가지 재료가 상호 보완적인 역할을 하므로, 어느 하나도 과소평가하면 안 된다.

진과 토닉의 불협화음을 막기 위한 첫 번째 단계는 선호하는 진의 스타일과 그 진의 지배적인 풍미를 파악하는 것이다.

주니퍼베리향이 강한 클래식한 진에는 진의 특징을 해치지 않는 클래식한 토닉이 잘 어울린다. 클래식한 진은 감귤류나 꽃의 향이 강한 토닉과는 그다지 어울리지 않는다. 반대로 더 다양한 풍미를 지닌 진은, 풍부하고 다양한 아로마를 강조하기 위해 좀 더 화려한 토닉을 시도해보아도 좋다.

그린홈은 2002년에 새롭게 선보인 주식회사 동학사의 디비전으로, 취미 · 실용 전문 출판 브랜드입니다. 그린쿡은 요리분야 브랜드로, 최신 트렌드의 디저트, 브레드, 요리는 물론 세계 각국의 정통 요리를 소개합니다.

Green Home

www.donghaksa.co.kr
www.green-home.co.kr
www.facebook.com / greenhomecook

TEL 02-324-6130 **FAX** 02-324-6135
04083 서울시 마포구 토정로 53(합정동)
하나은행 209-910005-93904
(예금주 주식회사 동학사)

노자 81장 ①②

윤재근 풀어 씀 | ①권 1064쪽 ②권 1040쪽 | 각권 38,000원

1권 1~40장, 2권 41~81장 총 81장, 약 2100페이지에 달하며, 공맹 · 노자 · 장자를 아우르는 방대한 주석은 물론 스스로 뜻을 헤아릴 수 있게 한문 구문을 한 자 한 자 분석한 노자 완결판이다.

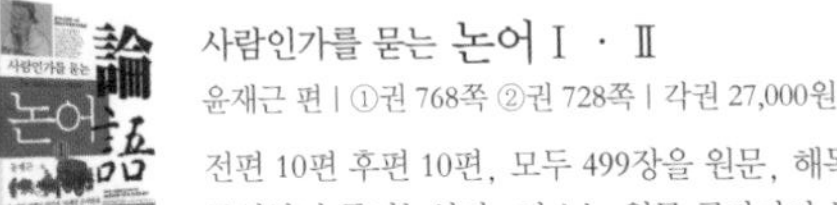

사람인가를 묻는 논어 Ⅰ · Ⅱ

윤재근 편 | ①권 768쪽 ②권 728쪽 | 각권 27,000원

전편 10편 후편 10편, 모두 499장을 원문, 해독, 담소로 구성하여 풀어놓았다. 담소는 원문 글자마다 뜻을 풀어 놓아 한문과 친숙해지게 도와준다.

희망과 소통의 경전 맹자 Ⅰ · Ⅱ

윤재근 편 | ①권 1,900쪽 | 50,000원
②권 1,436쪽 | 45,000원

약 3,500페이지의 방대한 맹자 자습서. 맹자의 왕도사상은 정치사상을 뛰어넘어 이상적인 삶을 제시한다.

마음 중심 세상 중용

윤재근 편 | 804쪽 | 33,000원

중용을 스스로 읽고 그 의미를 찾을 수 있도록 한 행 한 행을 꼼꼼하게 풀어썼다. 경쟁 사회일수록 중용의 가르침은 더욱 절실하게 다가온다.

편하게 만나는 도덕경 노자

윤재근 편 | 464쪽 | 23,000원

도덕경 81장에 흐르는 심오한 삶의 가르침을 원문과 해독문을 통해 전달한다. 자신과 더불어 타인과 주변을 돌아보는 사색의 기회를 가질 수 있다.

우화로 즐기는 장자

윤재근 편 | 548쪽 | 25,000원

삶의 굴레에서 벗어나 참된 자기를 찾고 자유를 누리고자 했던 장자의 사상이 내편 7편, 외편 15편, 잡편 11편의 총 33편의 우화에 담겨져 있다.

진과 토닉의 매칭

이상적인 조합을 찾기 위한 기본 원칙은 맛의 적절한 조화이다. 토닉을 세심하게 분류해야 할 뿐 아니라, 진도 풍미에 따라 분류해야 한다. 강력한 조합을 만들기 위해서는, 다양한 타입의 진을 가장 적합한 토닉과 매칭해야 한다.

아래의 표에서는 흔히 마시는 진 몇 가지와 그에 어울리는 토닉을 소개한다.

스파이시한 또는 복합적인 풍미의 진

스파이시한 진은 향과 풍미가 강해서 향을 첨가한 토닉과 완벽한 조화를 이룬다. 만약 복합성을 더하고 싶지 않다면 중성적인 토닉을 사용해도 좋다.

- 탱커레이 런던 드라이(Tanqueray London Dry)
- 십스미스 런던 드라이(Sipsmith London Dry)
- 플리머스 네이비 스트렝스(Plymouth Navy Strength)
- 포르토벨로 로드 네이비 스트렝스 (Portobello Road Navy Strength)
- 핑크 페퍼(Pink Pepper)
- 마틴 밀러스 웨스트본 스트렝스 (Martin Miller's Westbourne Strength)
- 에든버러 진 캐논 볼 (Edinburgh Gin Canon Ball)
- 비피터 런던 드라이 (Beefeater London Dry)

감귤류와 풀의 향이 있는 진

감귤류와 풀의 향이 있는 진은 향을 첨가한 토닉과 특히 잘 어울린다. 토닉에 감귤류의 노트가 있으면 더욱 그렇다.

- 비피터 24 (Beefeater 24)
- 봄베이 사파이어 (Bombay Sapphire)
- 불독(Bulldog)
- 체이스 GB 엑스트라 드라이 (Chase GB Extra Dry)
- 코퍼헤드(Copperhead)
- 진 마레(Gin Mare)
- 몽키 47(Monkey 47)
- 탱커레이 N° 10(Tanquery N° 10)

클래식한 런던 드라이 진

런던 드라이 진은 풍미 그래프의 원점에 위치하기 때문에, 맛이 지나치게 강한 토닉과 매칭하면 안 된다. 중성적인 토닉을 사용하는 것이 좋다.

상쾌하고 꽃향이 있는 진

이런 유형의 진에 사용된 식물 원료들은 가벼운 과일향과 아름다운 꽃향이 있어 달콤하고 과일향이 있는 토닉과 완벽하게 어울린다.

- 에이비에이션(Aviation)
- 더 보타니스트 (The Botanist)
- 도즈(Dodd's)
- 헨드릭스 마틴 밀러스 (Hendrick's Martin Miller's)
- 사일런트 풀(Silent Pool)

스위트 진

달콤한 진은 과일향이 있는 토닉과 가장 잘 어울린다.

- 배스텁 올드 톰 (Bathtub Old Tom)
- 브록맨스(Brockmans)
- 체이스 에이지드 슬로 앤 멀버리 (Chase Aged Sloe and Mulberry)
- 플리머스 슬로 진 (Plymouth Sloe Gin)
- 십스미스 슬로 진 (Sipsmith Sloe Gin)

LA DÉGUSTATION

가니시를 잊지 말자!

단순한 장식으로 생각하기 쉽지만, 가니시도 진토닉의 맛에서 중요한 역할을 한다.

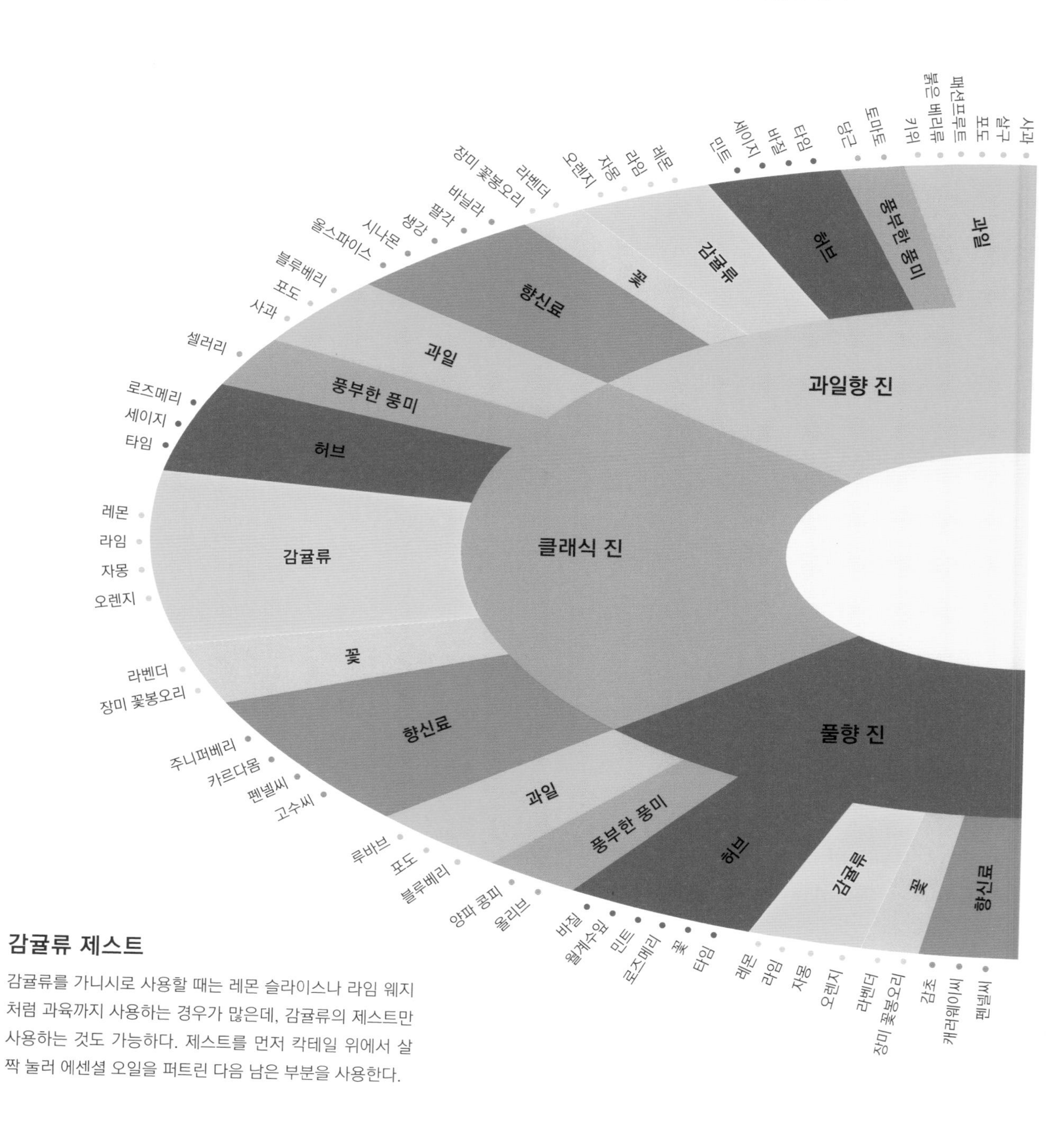

감귤류 제스트

감귤류를 가니시로 사용할 때는 레몬 슬라이스나 라임 웨지처럼 과육까지 사용하는 경우가 많은데, 감귤류의 제스트만 사용하는 것도 가능하다. 제스트를 먼저 칵테일 위에서 살짝 눌러 에센셜 오일을 퍼트린 다음 남은 부분을 사용한다.

식물의 섬세한 향

진토닉의 특징과 독특한 풍미를 가니시로 강조하는 것도 가능하다. 예를 들면 원래 꽃향이 있는 진토닉에 식용 꽃을 장식하거나, 풀향이 있는 진토닉에 타임을 사용하는 것이다.

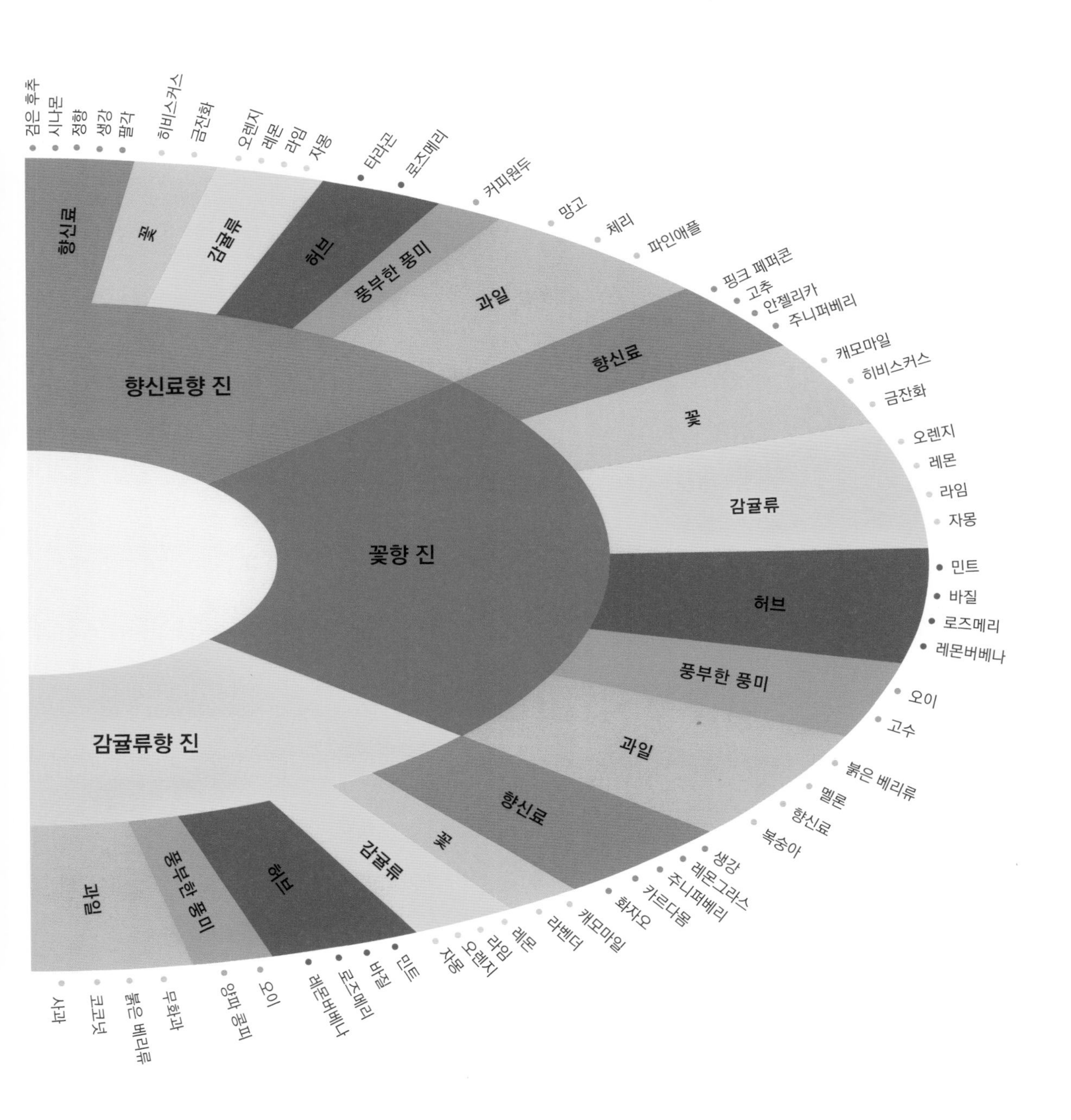

LA DÉGUSTATION

시음노트

책이나 영화를 보다가 또는 레스토랑에서 요리를 맛보다가 그 매력에 푹 빠져서,
나중에 다시 그 느낌을 찾으려 해도 정확하게 기억하지 못하는 경우가 많다.
시음노트에 좋은 점이나 싫은 점을 기록해두면,
다음 시음을 준비하는 데 도움이 된다.

시작하기

즐거운 시음 시간을 너무 복잡하게 만들지 말자. 단순한 버전의 시음노트로도 충분하다. 목표는 스스로 느낀 것을 분석하는 데 익숙해지는 것이다.

첫 단계에서 중요한 것은, 전문적인 용어 대신 평소에 사용하는 언어로 적는 것이다. 예를 들어 「주니퍼 풍미가 너무 진하다」, 「후추향이 난다」 정도면 충분하다. 머릿속에 떠오르는 것을 그대로 표현하면 전문가들은 펄쩍 뛸 수도 있지만, 중요한 것은 나중에 자신이 작성한 시음노트를 다시 읽었을 때 쉽게 이해할 수 있어야 한다는 것이다. 자신의 취향이 어떻게 발전해가는지 살펴봄으로써, 좋아하는 진 타입을 정확히 알 수 있다.

...... /...... /......

증류소 / 브랜드 / 기타 정보 :

....

진 이름 : ....

구입장소 : ....

좋은 점 : ....

....

....

....

....

싫은 점 : ....

....

....

....

....

점수 : ...... / 10

초보자가 많이 하는 실수

- **브랜드만 적는다**: 한 브랜드에서 여러 등급의 제품이 나오기 때문에, 시음노트를 다시 읽었을 때 브랜드명만으로는 시음한 진을 다시 찾기 어렵다.
- **나중에 작성한다**: 일단 기억에서 놓치는 부분이 생긴다. 그러나 무엇보다도, 다음 잔을 마시면 먼저 시음한 진에서 느낀 풍미의 80%는 잊어버린다.
- **서두른다**: 시음은 시간을 다투며 달리는 경기가 아니다. 서두르다가 많은 것을 놓칠 수 있다.
- **빠른 속도로 흘려 쓴다**: 알아볼 수 있게 작성해야 몇 년 뒤에도 유익하게 활용할 수 있다.

도와주세요, 못하겠어요!
처음에는 시음노트 작성이 어렵게 느껴지더라도 당황할 필요 없다. 자전거처럼 연습이 필요하지만, 일단 시작하면 금방 재미를 느낄 수 있다.

마니아를 위해
휴대폰에서 「진벤토리(Ginventory)」 앱을 이용하면, 토닉과 가니시의 이상적인 조합에 대한 아이디어를 얻을 수 있다.

중급자용

이제 시음에 어느 정도 익숙해졌다면 본격적인 단계로 넘어가서, 눈앞에 놓인 진을 더 자세히 파헤쳐보자.
이를 통해 진에 대한 자신의 취향을 더 잘 알 수 있게 될 것이다.

...... /...... /......

증류소 / 브랜드 / 기타 정보 :

....

진 이름 : ....

....

구입장소 : ....

....

좋은 점 : ....

....

....

....

....

....

....

싫은 점 : ....

....

....

....

....

....

....

점수 : ...... / 10

강함

보통

약함

주니퍼, 감귤류, 꽃, 풀, 음식, 흙, 향신료, 드라이함, 쓴맛, 단맛, 부드러움, 상큼함, 입안에서의 여운

시음노트를 작성한 다음은?

시음노트의 내용을 세세하게 분류한다. 일단 한 번 정리해두면 수십 장, 수백 장이 있어도 쉽게 찾을 수 있다. 여러 가지 주제별 분류가 가능하다.

- **지역별** : 진의 생산지에 대해 잘 알고 있어야 한다.
- **진 종류별** : 런던 드라이 진은 런던 드라이끼리, 올드 톰 진은 올드 톰끼리 분류한다.
- **알파벳 순서** : 생산자 이름에 따라 분류한다.
- **시음한 순서** : 시음노트를 다시 찾아보기에 좋은 방법은 아니다.
- **선호도에 따라** : 좋았던 진, 피하고 싶은 진으로 분류한다.

그리고 무엇보다 다시 찾아보기 쉽도록, 시음한 진 리스트 전체를 간략하게 엑셀 파일로 정리해두는 것을 잊지 말자.

LA DÉGUSTATION

시음이 끝난 뒤

이제 시음은 끝났고 잔은 비었다. 그렇다고 서둘러 자리를 뜰 필요는 없다.
시음을 끝까지 온전히 즐기고, 다음 시음을 제대로 준비하기 위해 아직 할 일이 남아 있다.

마지막으로 빈 글라스의 향을 맡아 본다

너무 쉽게 잊어버리곤 하지만 잔 바닥의 마른 진에서도 아로마를 느낄 수 있다. 이것을 건조 추출물이라고 부르는데, 비휘발성 고체이지만 향이 있다. 시음을 마무리하며 잔 입구를 아래쪽으로 들고 마지막으로 향을 맡아, 진의 아로마적 구조를 인식한다.

시음에 대한 감상을 교환한다

시음은 여러 사람이 의견을 나누는 자리여야 한다. 물론 무조건 자신의 의견만 내세우는 사람과는 거리를 두는 것이 좋다. 그래야 좋은 분위기에서 열린 사람들과 각자의 의견을 진심으로 나눌 수 있다. 그렇게 다음 시음을 준비한다.

글라스를 조심스럽게 씻는다

세제 냄새가 배지 않도록 잔을 따뜻한 물로만 씻으라고 하는 사람도 있다. 그러나 이 방법의 문제는 시간이 지나면 기름기나 다른 오염물이 바위에 붙은 굴처럼 잔에 달라붙어 남아 있는다는 것이다. 이것이 다음 시음을 방해한다. 가장 좋은 방법은 세제(화학적인 향은 최대한 피한다)를 손에 묻혀서 손으로 잔을 씻는 것이다. 이어서 깨끗한 물로 잔을 충분히 헹군 다음, 즉시 냄새가 나지 않는 마른행주로 물기를 닦아낸다.

글라스를 정리한다

잘못된 방법으로 잔을 정리하는 경우가 많다. 잔을 정리할 때는 잔을 뒤집지 말고 입구가 위로 오게 놓아야 선반 냄새가 잔에 배지 않는다. 박스에 보관하는 것도 피한다. 편리할 때도 있지만, 잔에 박스 냄새가 밸 수 있다(박람회에서 케이터링 업체가 제공하는 잔에서 그런 냄새가 나는 경우가 많다). 잔에서 박스 냄새가 난다면 잔 안쪽 벽면 전체에 진을 묻힌 다음 물로 헹궈낸다. 이 과정을 냄새가 사라질 때까지 반복한다.

병에 남은 양을 확인한다

진을 최적의 상태로 보관하기 위해서는 1/3 이상은 남겨두는 것이 좋다. 그보다 적게 남았다면 더 작은 병으로 옮겨 내부의 공기량을 줄이거나, 병을 홈바 가장 앞줄에 두고 빨리 마신다.

이야기를 나눈다

그 시간을 최대한 활용하여 시음 참가자들과 이야기를 나누며 자리를 이어간다. 예를 들면 증류소가 위치한 지역에 대해 더 깊이 있는 대화를 나눈다.

물을 많이 마신다

시음 후에는 내키지 않더라도 물을 많이 마셔두는 것이 좋다. 다음날 아침 머리도 아프지 않고, 필요한 일들도 잘 챙길 수 있다.

시음노트를 정리하고 사진을 찍는다

미루지 말고 시음노트를 작성한다. 더 나아가 마음에 든 진병의 사진도 찍어놓으면, 다음에 그 제품을 쉽게 찾을 수 있다.

택시를 타고 돌아간다

또는 더 용감한 사람이라면 방향식물이 가득한 들판을 걷는 상상을 하며 걸어서 귀가한다.

숙취 예방과 치료

귀스타브 플로베르(Gustave Flaubert)는 말했다.
"삶은 어떤 도취 상태에서만 견딜 수 있다."
시음한 다음 날에도 삶을 견디기 위한 몇 가지 팁을 소개한다.

숙취의 어원

숙취를 의미하는 의학적 용어는 「베이살지아(Veisalgia)」다. 「방탕에 따르는 불편함」이라는 뜻을 가진 노르웨이어 kveis와 「고통」을 뜻하는 그리스어 algia에서 유래된 단어이다.

숙취란?

숙취는 일종의 중독 증세이다. 인체는 알코올을 대사하여 아세트알데하이드 또는 에탄알이라는 화합물로 변형시킨다. 술을 지나치게 많이 마시면 우리 몸은 유해하다고 판단되는 모든 것을 배출한다. 숙취는 두통, 구역질, 현기증, 피로 등 다양한 형태로 나타난다.
알코올을 소화시키기 위해 간은 많은 일을 해야 하는데, 간이 분해할 수 있는 알코올의 양은 시간당 최대 약 35㎖이다.

언제 나타날까?

숙취 증상은 알코올을 과도하게 섭취한 뒤 8~16시간 사이에 나타난다. 혈중알코올농도가 0%로 떨어졌을 때 가장 심한 숙취가 나타난다.

시음 전에는 든든하게 먹는다

절대로 빈속으로 시음을 시작하지 않는다. 숙취를 막는 가장 확실한 방법은, 술을 마시기 전에 섬유질, 단백질, 지방을 고루 갖춘 균형 잡힌 식사를 하는 것이다.

시음 중에는 진 한 잔 + 물 한 잔

뇌에서 일어나는 화학 반응으로 인해, 알코올을 분해하기 위해서는 더 많은 양의 물이 필요하다. 그러므로 가장 좋은 팁은 진을 두 잔 마시는 사이에 물을 한 잔 마시는 것이다. 시음이 길어질 때는 진을 두 잔 마시는 사이에 같은 양의 물을 마시거나 더 마셔도 좋다.

잠자리에 들기 전, 구세주가 되어줄 물 1ℓ

물론 물 1ℓ를 마시고 싶은 생각은 별로 들지 않겠지만, 이렇게 하면 우리 몸에 수분을 공급하고 알코올을 분해하는 데 확실히 도움이 된다.

다음날 아침 : 비타민과 아연을 섭취한다

비타민은 알코올 분해로 손상된 세포 재생에 도움이 된다. 보충제를 과다 섭취할 필요는 없다. 과일과 채소면 충분하다. 굴을 좋아한다면 기쁜 마음으로 먹자. 굴에는 아연이 들어 있어 숙취에 효과적이다. 커피는 피하고, 허브티와 물로 계속 수분을 공급한다.

마지막으로

숙취는 과학자들도 아직 완전히 밝혀내지 못한 매우 복합적인 현상이다. 그러므로 만약 자신에게 맞는 특별한 방법을 찾았다면 바로 그 방법을 쓴다(그리고 언제나 숙취를 쫓아줄 마법의 주문을 찾고 있는 이 책의 작가에게 그 레시피를 보내주기 바란다).

배가 아프다면?

보통 숙취와 관련된 경우가 많다. 복통을 가라앉히기 위해서는 적절한 약을 먹거나, 간편하게 물 1컵에 탄산수소나트륨을 1스푼 타서 마신다.

계속 마신다(책임은 스스로 진다)

잘 알려져 있듯이 숙취를 피하는 가장 단순한 방법은 계속 마시는 것이다. 그러므로 시음회를 마치고 저녁에 친구들과 함께 식전주를 즐기는 것도 좋다(그러나 항상 절제가 필요하다).

유명인들의 숙취 해소 레시피

윈스턴 처칠

"멧도요 요리와 흑맥주 한 파인트."

해리 왕자

"딸기 밀크셰이크"

줄리아 로버츠

"샴페인과 당근 주스를 번갈아 마신다"

세르주 갱스부르

"다음 날 아침 블러디 메리 한 잔."

어니스트 헤밍웨이

"샴페인 쿠프잔에 압생트 1지거를 붓는다. 그리고 아주 차가운 샴페인을 뽀얀 유백색이 날 때까지 붓는다. 이것을 3~5번에 나눠서 천천히 마신다."

숙취 : 독일에서는 질병으로 분류

2019년 9월 프랑크푸르트 지방 법원은 숙취가 질병이라고 판단했다. 숙취 해소 음료를 판매하는 기업 입장에 반대되는 판결이었다. 그러나 약삭빠른 사람들은 이 판결에서 과음한 다음 날 병가를 합리화할 수 있는 구실을 찾아냈다.

진은 어디에서 마실까?

주변에 진을 좋아하는 사람이 없다면?
진에 대한 지식을 넓히고 새로운 사람들과 교류하고 싶다면?
진 클럽은 당신을 위한 곳이다.

오프라인 시음 클럽

프랑스에서는 위스키나 럼 같은 다른 증류주에 비하면 훨씬 드물기는 하지만, 진 시음 클럽을 몇 군데 정도는 찾아볼 수 있다. 클럽에 가입하기 전 확인할 내용은 다음과 같다.

- 클럽에서 시음하는 진이 원하는 제품이 맞는지 확인한다.
- 자신의 지식 수준이 너무 낮거나 높지 않은지 확인한다.

주류전문점에서는 연중 여러 차례 진 시음회를 열 가능성이 높다. 엄밀한 의미에서 시음 클럽은 아니지만, 그런 방식이 자신에게 맞는지 경험해 볼 수 있는 좋은 기회이다.

온라인 시음 클럽

온라인상에는 훨씬 많은 진 클럽이 존재한다. 제품에 대한 의견을 묻거나 브랜드의 신제품을 경험할 수 있고, 생산자가 직접 진행하는 마스터 클래스에 참여할 수도 있다. 다만 유일한 단점은 제품의 맛을 공유하거나, 화면 너머로 진을 제공할 수 없다는 것이다. 이러한 온라인 커뮤니티에는 수많은 진 마니아들이 모여 있다. 단종된 제품을 구하거나 갖고 있는 제품을 팔 수도 있다. 활동을 시작하기 전에 먼저 주의해야 할 점을 짚어보자.

- 클럽에 참여할 때는 겸손하게 행동한다.
- 댓글 테러를 당하고 싶지 않다면, 최근 슈퍼마켓에서 산 저가 진의 사진은 올리지 않는다.
- 검색창을 이용해 자신의 질문이 이미 50번쯤 올라왔던 것은 아닌지 미리 확인한다(회원들이 귀찮게 생각할 수 있다).

13000

라 콩프레리 뒤 진(La Confrérie Du Gin)

프랑스어권 진 커뮤니티 중 가장 큰 페이스북 그룹의 하나로, 2024년 3월 현재 13,000명 이상의 회원이 활동하고 있다. 페이스북 그룹 최초로 로즈 진(Le Gin Rose)을 출시하기도 했다. 100% 천연 원료를 사용하고 100% 자선 목적으로 기획된 핑크진으로, 수익금 100%를 유방암 퇴치를 위한 자선 단체 「Madame'S(www.association-madame-s.fr)」에 기부한다.
www.facebook.com/groups/1643696705744191/

영어권 커뮤니티

진과 관련된 영어권 페이스북 그룹도 다수 존재한다.

더 진 포럼 (The Gin Forum)
www.facebook.com/groups/TheGinForum

AGAS (Australian Gin Appreciation Society)
www.facebook.com/groups/141122389848209

더 진 크라우드 (The Gin Crowd)
www.facebook.com/groups/thegincrowd

더 십 가이드(The Sip Guide)
www.facebook.com/groups/ginandtonicly/

홈 스위트 홈

클럽은 잘 맞지 않고, 돈 낭비하지 않고 집에서 혼자 시음을 즐기고 싶다면? 샘플을 판매하는 증류주 판매처를 찾아보자.

조르주 할아버지의 추천

세계 곳곳에서 판매되는 다양한 진을 한자리에서 맛보기에 가장 이상적인 장소는 박람회장이다. 여러 가지 경험을 할 수 있다.

- **진 애딕트**(Gin Addict) : 프랑스에서 열리는 가장 큰 진 박람회 중 하나. 전 세계에서 200개 이상의 진과 토닉 관련 브랜드가 참가한다.
- **서섹스 진 페스트** (Sussex Gin Fest) : 영국 최대의 진 페스티벌(영국에서는 거의 모든 대도시에서 진 페스티벌이 열린다).
- **두가 클럽 엑스퍼트**(Dugas Club Expert), **리옹 퓨어 스피리츠**(Lyon Pure Spirits) 등은 진 전문 박람회는 아니지만, 다양한 진을 시음할 수 있다.

무알코올 진?

알코올이 없거나 거의 없는 진이다. 진과 비슷하지만, 알코올은 들어 있지 않다.

WANTED

★★★★★★★★★★★★★★★★★★★★★

무알코올 음료 붐

무알코올 음료에는 무알코올 증류주도 있다. 무알코올 진, 무알코올 위스키, 무알코올 아페리티프 등, 무알코올 증류주는 증류주의 관능적 특성은 가지고 있지만 알코올은 들어 있지 않다. 무알코올 제품은 계속 늘어나고 있는데, 보다 책임감 있는 소비를 원하는 수요가 시장을 움직이고 있기 때문이다. 진도 마찬가지이며, 무알코올 진 제품 역시 점점 다양해지고 있다.

이름의 문제

법적으로 무알코올 주류라는 카테고리는 존재하지 않는다. 유럽연합의 법률에 따르면, 알코올 함량이 최소 15% 이상이어야 증류주에 포함된다. 따라서 공식적으로 「무알코올 진」이라고 이름을 붙인 제품에는, 증류주에 관한 법률이 적용되지 않는다.

알코올의 느낌을 모방하다

알코올 없이 알코올이 주는 느낌을 만들어내기 위해, 생산자들은 여러 가지 방법을 사용한다. 쓴맛 또는 매운맛으로 알코올의 수렴작용(술을 마실 때 느껴지는 입안 점막의 가벼운 수축)을 대체한다.

★★ REWARD ★★

무알코올 진 뒤에 숨은 과학

무알코올 증류주 생산자들은 식물, 허브, 나무나 과일의 껍질, 견과류, 씨앗 등을 이용해 복합적이고 풍부한 뉘앙스가 있는 맛을 만들어 낸다. 그중에는 기존 진의 맛을 재현하기 위해 진에 넣는 주니퍼베리의 풍미를 활용하는 사람도 있다. 여기에는 다양한 방법이 있다. 증류주의 아로마는 아로마 에센스를 혼합하여 만들 수 있는데, 이 과정은 「스피릿 믹스」를 만들 때 사용하는 「비가열 혼합」 방식과 같다.

차이점은 이 에센스들이 완전히 무알코올 방식으로 만들어지거나, 사전에 알코올을 제거하는 과정을 거친다는 것이다.
클래식 진 제조에도 사용되는 스팀 인퓨전 방식 외에, 여과와 비가열 압착 방식으로도 에센스를 얻을 수 있다. 또한 실험실에서 맛을 인공적으로 재현하는 것도 가능한데, 사실 이 방식에 관심을 갖는 브랜드는 거의 없다.

무알코올 진의 가격은?

무알코올 제품은 보통 상당히 비싸다. 주류세가 붙지 않는데도 불구하고, 알코올이 함유된 제품보다 더 비싼 경우도 있다. 그래서 이런 제품들을 「금값에 파는 향기 나는 물」이라고 부르기도 한다. 그렇지만 현재 판매되는 무알코올 제품의 생산 기술은 실제로 매우 복잡하다. 제조 기간만 약 6주가 걸리기도 하는데, 알코올이 들어 있는 제품을 만들 때보다 시간이 더 오래 걸리는 셈이다.

시도해볼 만한 무알코올 진

- 라이어스(Lyre's)
- 진(Djin)
- 시드립(Seedlip)
- 세더스(Ceder's)

진은 어렵지 않아

CHAPTER 4 : 진 구입

진 구입

ACHETER SON GIN

수백 가지 브랜드, 수천 가지 제품……, 현재 가장 많은 신제품이 나오는 증류주를 꼽는다면 바로 진이다. 진 애호가들의 수요는 놀라울 정도이고, 그만큼 다양한 제품이 출시되고 있다. 색상, 취향, 상황에 따라 얼마든지 원하는 진을 고를 수 있다. 그렇지만 유명 브랜드에서도 독특한 진이 나오기도 하는 만큼, 브랜드만 보고 고르면 잘못 선택할 수도 있고, 화려한 포장에 속을 수도 있다. 하지만 몇 가지 기준과 좋은 전략이 있다면, 좋은 홈바를 꾸밀 수 있다.

CHAPTER 4 : 진 구입

진은 어렵지 않아

ACHETER SON GIN

진은 어디에서 구입할까?

진은 어디에서나 살 수 있다. 그러나 우리는 이제 진이라고 다 같은 진이 아니라는 것을 안다. 중요한 것은 좋은 진을 가장 좋은 가격에 사는 것이다.

슈퍼마켓

대형 슈퍼마켓은 진의 인기가 높아지고 있다는 사실을 (그리고 진을 활용해 매출을 늘릴 수 있다는 점도) 잘 알고 있다. 슈퍼마켓에서 최고의 진을 찾는 일은 드물지만, 가성비 좋은 대형 브랜드의 진을 사는 것은 가능하다. 이들 제품은 칵테일에 사용하기 좋다. 아래에 소개한 진은 슈퍼마켓에서 구할 수 있는 좋은 진이다.

봄베이 사파이어

헨드릭스 진

불독

로쿠

인터넷

인터넷에서는 원하는 모든 진을 매우 쉽게 찾을 수 있고, 심지어 구하기 힘든 일부 제품도 찾을 수 있다. 소파에 앉아서 진을 찾고 가격 비교까지 가능하다. 진을 살 수 있는 사이트를 몇 군데 소개한다. 참고로 한국의 경우, 24년 3월 현재 온라인 구매는 미리 앱으로 가까운 매장을 찾아 예약하고 픽업하는 서비스만 이용할 수 있다.

www.ginsiders.com

진에 대한 모든 즐거움을 찾을 수 있는 사이트. 200가지가 넘는 제품을 구입할 수 있을 뿐 아니라, 멋진 진토닉을 만들 재료도 구할 수 있다.

www.bodeboca.com

스페인 최고의 와인 판매 사이트. 와인뿐 아니라 전 세계의 증류주를 다양하게 갖추고 있어서 엄선된 프리미엄 진을 구할 수 있다.

www.whisky.fr

라 메종 뒤 위스키(La Maison du Whisky)는 위스키 전문 사이트이지만 진도 다양하게 갖추고 있으며, 다른 곳에서 찾기 힘든 좋은 제품을 구할 수 있다.

www.ginsations.com

구독 형식으로 화장품을 담은 박스를 보내주는 사이트처럼, 화장품 대신 진을 제공한다. 가입 후 비용을 지불하면 매달 진과 토닉 등이 들어 있는 서프라이즈 박스를 받게 된다.

www.dugasclubexpert.fr

진보다는 럼으로 알려져 있지만, 뒤가 유통사가 제공하는 진 제품의 라인업도 매우 훌륭하다.

주류전문점

온라인 판매가 증가하고 있지만, 여전히 많은 소비자들이 주류전문점을 애용한다. 주류전문점을 방문하는 것은 열정과 지식을 기꺼이 공유해줄 사람이 있는, 알리바바의 동굴로 들어가는 것과 같다. 매니저에게 자신이 어떤 취향인지 말하면, 그는 여러분이 좋아할 만한 스타일의 적절한 진을 찾도록 도와줄 것이다.

초보자라도 주류전문점에 들어가는 것을 너무 두려워할 필요는 없다. 전문가와의 만남은 주류에 대한 지식을 쌓을 수 있는 기회가 되기도 한다.

아마 좋아도 너무 좋은 수백 가지 제품들 사이에서 1병을 고르느라 애를 먹게 될 것이다.

좋은 매니저란?

좋은 주류전문가를 첫눈에 알아보기란 쉽지 않다. 신뢰해도 좋은 매니저인지 알아보기 위한 몇 가지 포인트를 소개한다.

1. 좋은 매니저는 손님이나 손님이 진을 선물할 상대의 취향에 관심을 가진다.
2. 손님의 주머니 사정을 고려해 원하는 가격대를 묻는다.
3. 시음할 수 있는 진을 몇 병 준비해 두고, 손님이 구입하기 전에 미리 자신의 취향에 맞는 진인지 확인할 수 있게 해준다.
4. 손님이 구입하려는 제품에 대해 매우 잘 알고 있으며, 해당 브랜드나 증류소에 대한 이야기를 들려주기도 한다.

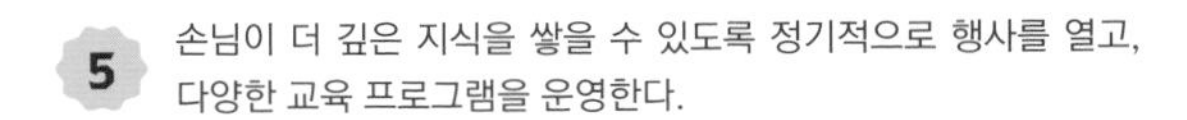

5. 손님이 더 깊은 지식을 쌓을 수 있도록 정기적으로 행사를 열고, 다양한 교육 프로그램을 운영한다.

메달을 맹신하는 것은 금물

일부 브랜드는 여러 시음대회에서 수상한 메달을 보란 듯이 병에 붙여놓기도 한다. 그러나 실제로 메달이 진의 품질을 보증하는 경우는 극히 드물다.

ACHETER SON GIN

나만의 홈바 만들기

누구나 자신만의 홈바를 만들 수 있다.
진을 고를 때는 취향도 중요하지만 주머니 사정도 고려해야 한다.
몇 차례 시음을 하고 나면 좋은 진을 선택할 수 있을 것이다.

다양하게 갖추고 싶다면?

진의 세계에도 한 종류의 진만 마시는 극단적인 보수주의자들이 존재한다. 그런 성향이 있다면 원칙은 단순하다. 좋아하는 제품 위주로 홈바를 구성하면 된다. 그게 아니라면 다양한 진의 대표적인 샘플을 1가지씩 선택해보자. 다음과 같은 기준으로 선택할 수 있다.

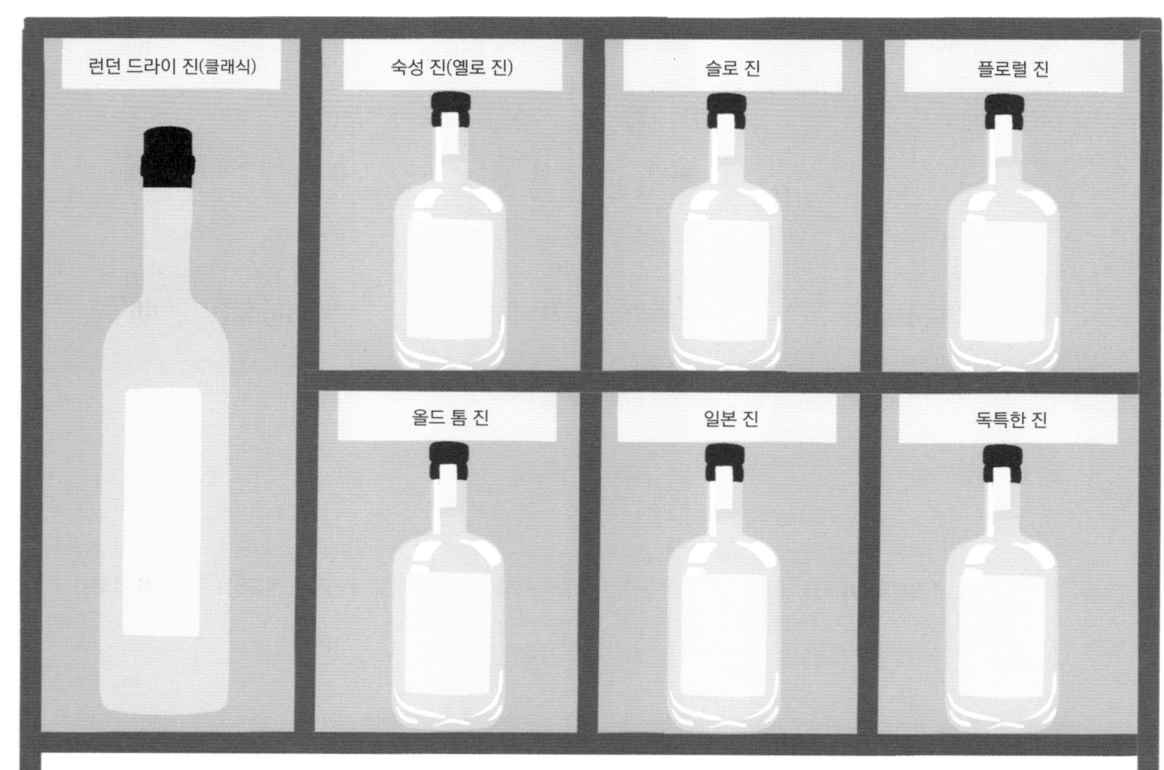

프리미엄 컬렉션을 원한다면

프리미엄 라인의 진으로 홈바를 꾸미고 싶은 이들에게 몇 가지 제품을 추천한다. 이 제품들은 주류전문점에서 구입할 수 있으며, 가격은 30~50유로 정도이다.

- 몽키 47(Monkey 47)
- 옥슬리(Oxley)
- 시타델(Citadelle)
- 크리스티앙 드루엥 피라(Christian Drouin Pyra)
- 니카 코페이 진(Nikka Coffey Gin)
- 더 보타니스트(The Botanist)

진의 위대한 이름

십스미스

영국 크래프트 진(p.109 참조) 운동의 부흥과 깊은 관련이 있는 브랜드가 있다면, 바로 십스미스(Sipsmith)일 것이다. 십스미스의 역사는 2007년 1월에 시작되었다. 오랜 친구 사이인 페어팩스 홀(Fairfax Hall)과 샘 갤스워시(Sam Galsworthy)는 일을 그만두고 각자 집을 팔아 꿈꿔온 증류소를 세우기로 결심한다. 그리고 그들은 증류소를 세우기에 완벽한 장소를 찾아낸다. 그곳은 원래 양조장으로, 잉글랜드의 위대한 작가 마이클 잭슨의 테이스팅 룸이 있던 곳이었다. 이후 유명한 주류 애호가 자레드 브라운(Jared Brown)이 디스틸러로 합류하였다.

그러나 이들은 예기치 못한 문제에 직면한다. 1823년부터 시행된 소비세법에 따라 용량 1800ℓ 미만의 증류기로는 면허를 취득할 수 없었던 것이다. 그들의 새 증류기 용량은 300ℓ 밖에 되지 않았다. 그러나 끈질긴 열정과 확고한 비전 그리고 확실한 용기로 무장한 그들은 2008년 법안 수정을 이루어냈고, 그렇게 영국의 크래프트 진 문화가 시작되었다. 2009년 3월 14일, 「프루던스(Prudence)」라고 이름 붙인 첫 번째 증류기를 통해 최종 레시피가 실행되었다. 2014년에는 브랜드의 성공으로 본래의 증류소 부지가 너무 좁아진 탓에, 십스미스 증류소는 치즈윅(Chiswick)으로 이전하였다.

라벨 읽는 법

진을 살 때는 포장에 정신을 팔기 쉽다. 진 생산자들은 특히 창의력이 넘치기 때문이다. 그러나 가장 많은 정보를 제공하는 것은 라벨이다. 또한 라벨은 진을 살 때 주의 깊게 봐야 할 유일한 자료다. 단, 모든 진실을 말해주는 라벨은 극히 드물다는 점도 알아두자.

법적 표시

프랑스에서 판매되는 진에는 다음과 같은 사항이 반드시 표시되어야 한다.

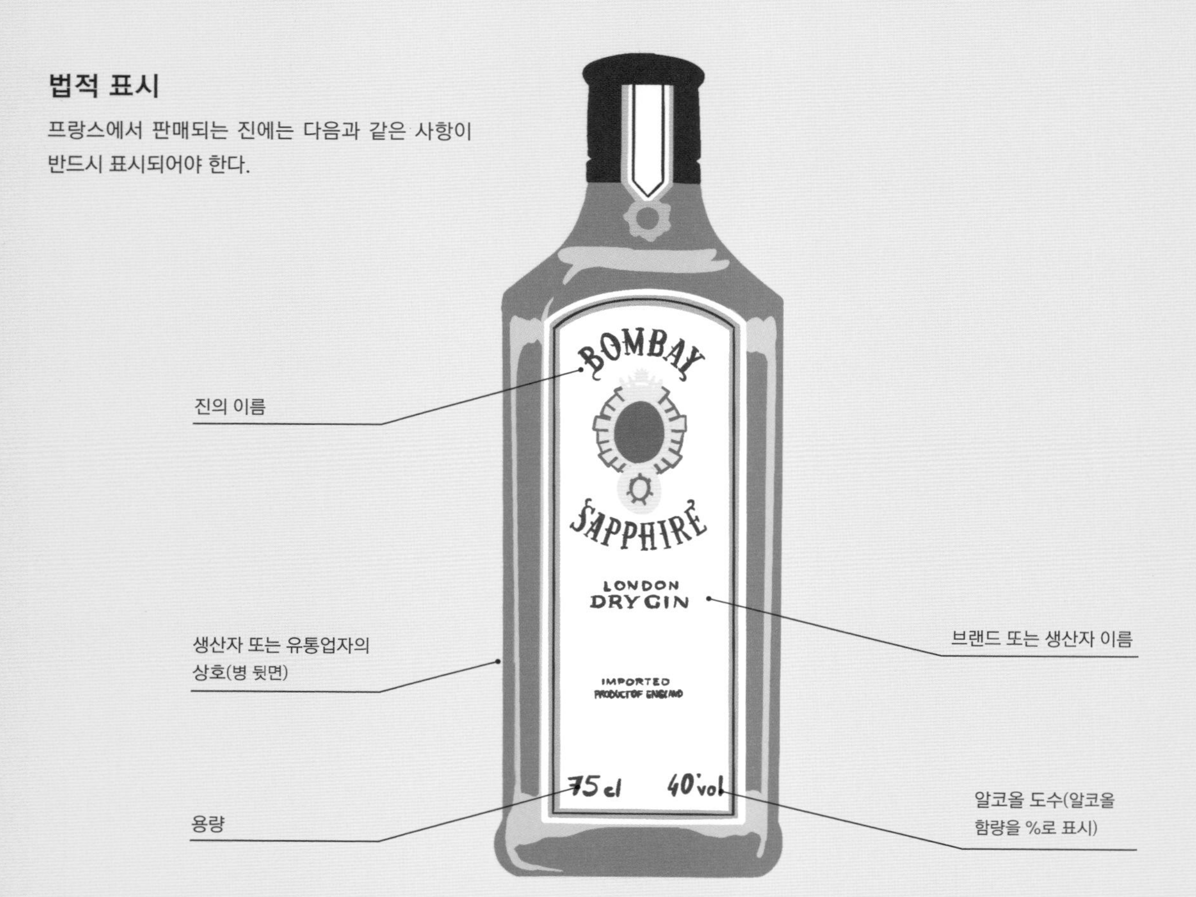

숙성 연수

진의 숙성 연수를 표시하는 회사는 극히 드물다. 역효과를 낼 위험이 있기 때문이다. 진의 숙성 기간은 다른 증류주와 큰 차이가 있다. 예를 들어 위스키의 경우 수십 년을 숙성시키기도 하지만, 숙성 진의 경우에는 몇 개월에 지나지 않는다.

옐로 진, 다시 말해 숙성 진의 라벨에는 일반적으로 진을 숙성시킨 오크통의 종류(예: 코냑, 와인, 위스키 등), 로트 번호(배치 넘버), 보틀 넘버 등 추가 정보가 표시되어 있다.

라벨에 항상 「진」이라고 표시되지 않는 이유

제조 과정에 따라 진이라고 생각했던 주류가 「보태니컬 스피릿(Botanical Spirit)」으로 분류되는 경우가 있다. 이것은 주니퍼베리가 제품의 주요 풍미를 내는 재료가 아니거나, 생산자가 중성 알코올이 아닌 다른 베이스 알코올 사용을 선호하는 경우(예를 들어 보리맥아를 사용하기도 한다)에 해당한다.

라벨을 읽어보자

1 스몰 배치(Small Batch)

작은 용량의 배치(250ℓ 이하)를 증류하여 생산한 제품으로, 1회 증류로 1000병 미만의 진이 생산된다. 이 기술을 통해 더 좋은 품질을 얻을 수 있지만, 주로 대형 브랜드와 차별화하기 위한 방법으로 쓰인다.

2 크래프트(Craft)

라벨에서 점점 많이 보게 되는 단어로, 프랑스어 「아티자날(Artisanal)」과 같은 뜻이다. 스몰 배치로 브랜드의 철학을 담아 증류한 진이다. 크래프트 진의 디스틸러들은 보통 현지 재료를 사용한다. 그러나 산업형 대형 증류소에서 만든 중성 알코올을 구입하여 사용하는 것을 막을 수는 없다.

3 핸드크래프티드(Handcrafted)

이 용어는 브랜드에 개인이나 소규모 그룹이 참여하고 있다는 뜻이다. 보통 마스터 디스틸러를 가리키는 경우가 많으며, 그들의 지식과 열정이 제품의 레시피를 결정한다. 직접 재료를 고르고 증류기도 직접 관리한다. 하지만 이 용어에 대해서는 정해진 규제가 없기 때문에, 대기업 소유의 브랜드에서도 핸드크래프티드라는 용어를 사용하기도 한다.

4 컨템포러리 진(Contemporary Gin)

「뉴 아메리칸」(하지만 세계 어디서나 생산될 수 있다)이라고도 불리는 컨템포러리 진은, 런던 드라이 진에 비해 주니퍼베리의 풍미가 훨씬 덜 느껴지는 것이 특징이다.

생산국 표기에 주의하자

특정 산지가 품질을 상징한다고 말하는 판매자도 있다. 하지만 마르티니크 AOC 럼과 같은 몇몇 예외를 제외하면, 그 어떤 것도 원료가 같은 산지에서 온 것임을 보증해주지 않는다. 보통은 판매자의 표기일 뿐이다.

ACHETER SON GIN

상황에 맞는 진 선택 방법

언제 어디서 마시는지에 따라 어울리는 진의 종류도 달라진다.
상황에 따라 적절한 진을 선택하는 방법을 소개한다.

클럽에서

클럽에서 훌륭한 시음용 진을 찾는 것은 쓸데없는 일이다. 저가의 토닉을 섞을 확률이 95%나 되는 만큼, 단순하고 효율적인 선택을 하는 편이 낫다. 핑크 진을 골라보면 어떨까. 시선을 사로잡고 댄스 플로어의 스포트라이트를 받아 더 멋져 보일 것이다. 그러나 바닷가에 있는 클럽의 모래사장 위라면 지중해 진을 골라도 좋다.

칵테일로

칵테일을 만들 때 싸구려 진을 사용하는 실수는 하지 않기 바란다. 다음날 엄청난 두통에 시달릴 위험이 있다(그런 술은 바비큐에 불을 붙일 때나 쓰자). 슈퍼마켓에서 산 저가 진이 아니라, 칵테일을 통해 그 매력을 다시 발견할 수 있는 아로마가 풍부한 진을 선택한다.

퇴근 후

중요한 것은 마음에 드는 진을 찾는 것이다. 기쁨을 줄 수 있는 진을 선택한다. 그러나 구하기 쉽고 너무 비싸지 않은 제품이어야 한다.

싫어하는 사람과 마실 때

최악의 상대와 함께라면, 괴로운 선택을 해야 한다. 먼저 첨가물(설탕과 색소)이 들어간 형편없는 진을 고른다. 몇 잔만 마셔도 상대는 당뇨에 걸리고 말 것이다. 아니면 가장 값싼 진을 권한다. 에탄올 아로마가 매우 향긋할 것이다.

친구들을 감동시키고 싶을 때

이때야말로 뛰어난 탐험 정신을 발휘할 때다. 파리에서 만든 진을 마셔보거나 숙성 진을 시도해보자. 능력이 된다면 한정판 진을 내놓을 수도 있다. 한 가지 주의할 점은 늘 품질이 보장되지는 않는다는 것이다. 가격이 싼 것도 아닌데 말이다.

그림엽서 속 풍경으로 훌쩍 떠나고 싶을 때

진을 개봉하며 휴가와 만남의 즐거운 추억 속에 빠져볼 수도 있다. 이제 진은 전 세계 많은 곳에서 생산되고 있는 만큼, 휴가에서 돌아올 때는 좋은 진 한 병 또는 여러 병을 구입하는 것도 잊지 말자.

진의 보관

마음에 드는 진을 찾았다면, 좋은 상태로 보관해야 한다.
몇 가지 규칙에 따라 보관하면 시음이 더욱 즐거워진다.

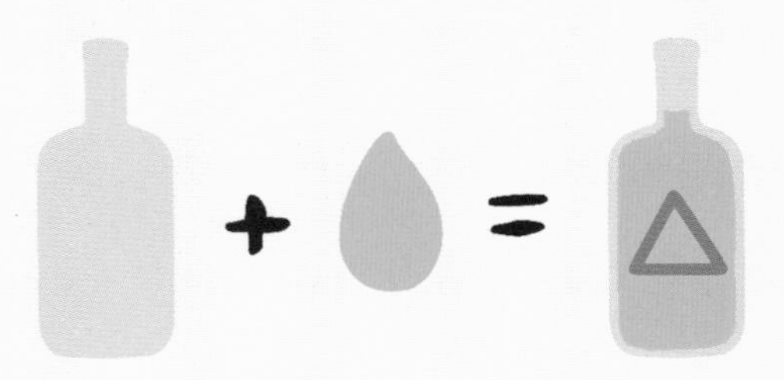

진은 와인이 아니다

구입한 진은 완제품이기 때문에 선반 위에서 변하는 일은 없다. 그러나 플레이버드 진은 시간이 지남에 따라 색깔이 변할 수 있으므로 주의한다.

빛

가능한 한 어두운 곳에 보관한다. 진을 선물 상자나 케이스에 넣어서 판매하는 것은 충격으로부터 제품을 보호할 뿐 아니라, 진의 색과 풍미를 변질시키는 빛을 차단하기 위해서이다.

세워둔다, 눕히지 않는다!

새것이든 개봉한 것이든 진병은 항상 똑바로 세워서 보관해야 한다. 그렇지 않으면 알코올이 병마개(코르크로 된 것이라면)를 부식시키기 때문에, 반드시 세워서 보관한다.

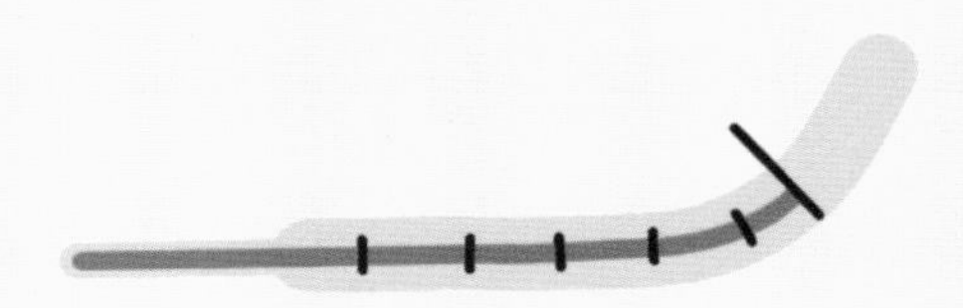

온도

진을 보관하기 위해 셀러는 필요하지 않다. 이미 개봉을 했든 안 했든, 진은 약 20℃ 정도의 상온에 보관하는 것이 좋다.

코르크 확인

정기적으로 코르크 마개의 상태를 확인해야 한다. 코르크가 마를 수 있기 때문이다. 마른 코르크는 더 이상 제 역할을 하지 못하며 쪼개질 수 있다. 그렇게 되지 않도록 코르크를 주기적으로 적셔준다. 또는 필요하다면 다 마신 병의 코르크로 교체한다. 진병 속에서 코르크 조각이 나오는 것만큼 불쾌한 일은 없다.

개봉한 뒤에는?

진을 빨리 마셔버릴 구실을 빼앗아 유감이지만, 일단 개봉한 진도 아무 문제 없이 몇 년 동안 보관할 수 있다. 그러나 일부 방향식물은 시간이 지남에 따라 좋거나 또는 나쁘게 변하기도 한다.
다만, 병 안에 남아 있는 진의 양을 잘 조절해야 한다. 병 안에 공기가 너무 많으면 진이 산화될 수 있기 때문이다. 이 문제를 해결하기 위한 2가지 방법을 소개한다.

- 아이들이 갖고 노는 유리구슬을 병에 채워 넣는다.
- 남은 진을 더 작은 유리병으로 옮겨 담는다(옮긴 병에는 꼭 라벨을 붙여놓는다).

코르크 마개의 역할

오랫동안 기본 스크루 마개를 사용해온 진 병에 코르크 마개를 사용하는 일이 점점 늘어나고 있다.
보통은 품질 좋은 진에 많이 사용한다.

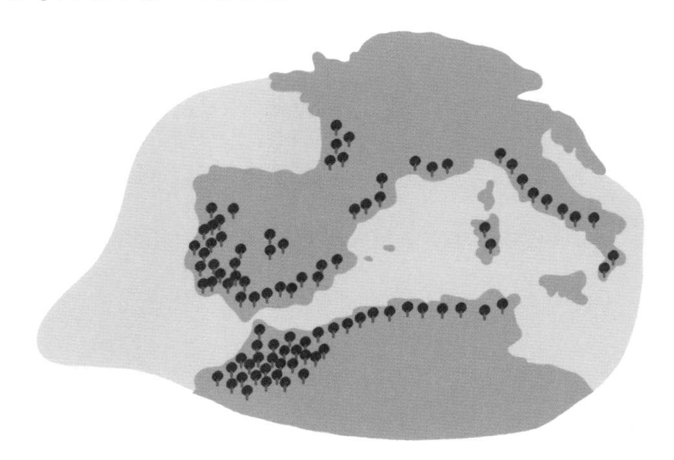

코르크란?

코르크는 지중해 서부의 대표 수종인 코르크 떡갈나무의 껍질이다. 100% 천연 재질에 재생 및 생분해가 가능한 소재로, 강하고 가벼우며, 탄성이 있고, 단열, 방수, 압축이 가능하다. 이러한 장점 덕분에 진의 병마개로도 사용된다.

코르크는 어떻게 만들까?

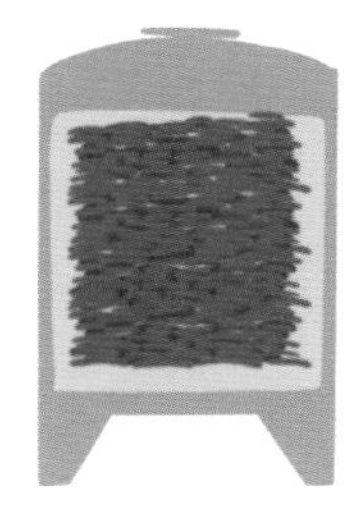

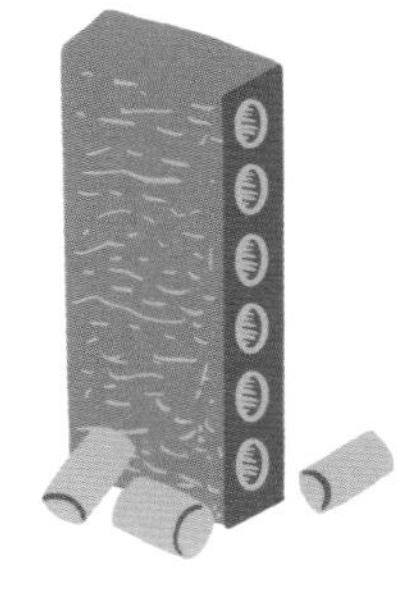

1 껍질 벗기기

나무의 외피를 벗겨낸다. 이 작업은 9년에 한 번씩 이루어진다.

2 건조

벗겨낸 외피 판은 야외에 쌓아두고 1년 동안 말린다.

3 발송

말린 판을 마개 제조 업자에게 보낸다.

4 삶기

판을 끓는 물에 담가서 세척한다.

5 자르기

판을 띠모양으로 잘라서 코르크 마개를 만든다.

다 같은 코르크가 아니다!

오늘날에도 전통 코르크는 여전히 존재한다. 그러나 합성 인공 소재로 만든 현대식 코르크도 흔히 볼 수 있다. 합성 코르크는 맛과 향이 없고 변색도 되지 않는다. 하지만 여러 가지 장점에도 불구하고 재활용은 불가능하다.

스크루 캡 vs 코르크 마개

코르크에 비해 비교적 최근에 발명된 스크루 캡은 1960년대에 등장했다. 코르크 마개를 열 때 나는「펑」소리는 나지 않지만, 외부로부터 병 속의 내용물을 보호한다는 면에서 스크루 캡은 코르크 마개와 같은 기능을 충분히 해낸다. 요즘도 코르크 마개를 사용한 진은 소비자에게 품질 좋은 고급 제품으로 인식되지만, 실제로 이것은 하나의 견해일 뿐이다.

코르크 마개가 부서지면?

코르크는 시간에 따라 변하는 소재이다. 따라서 한동안 보관해둔 진 병을 열 때는 조심해야 한다, 잘못하면 코르크 마개가 부서질 수도 있다. 그리고 만약 그런 상황이 닥치더라도 당황하지 말자. 아래의 도구들을 준비해 두었다 사용하면 된다.

- 깨끗하게 씻어서 말린 빈 병
- 병 안으로 떨어진 조각을 걸러내기 위한 작은 체(또는 커피 필터)
- 병목에 걸린 조각을 꺼내기 위한 와인 오프너

또한 코르크는 가능한 한 수직으로 반듯하게 뽑는다. 코르크와 병목 사이에 과도한 힘이 가해지면 코르크가 더 부서질 수 있다.

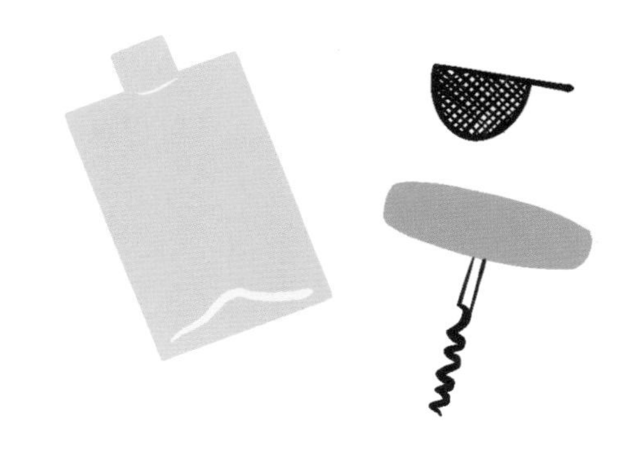

코르크 마개가 부서지면 무엇으로 병을 막을까?

코르크 마개가 부서졌고 깨진 조각은 제거했다. 이제 코르크 마개를 대신할 무언가를 찾아야 한다. 절대로 진을 마개 없이 그냥 두어서는 안 된다. 이때 사용할 수 있는 것은 다음과 같다.

와인병의 코르크 마개

다 마신 진병의 마개

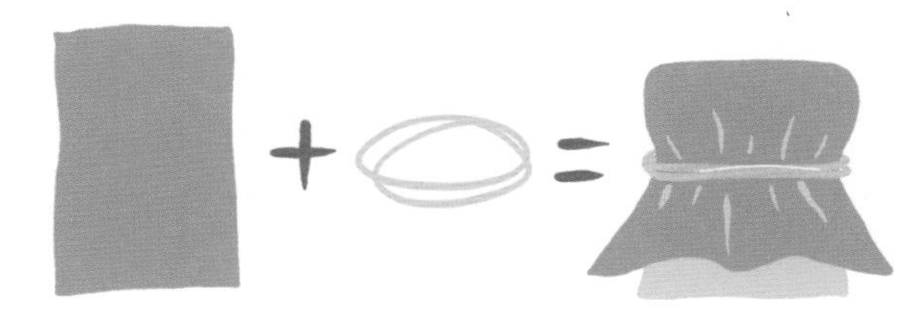

최악의 상황으로 아무것도 없을 때는 임시방편으로 셀로판지와 고무줄로 입구를 막아서, 소중한 진에 벌레가 빠져 죽지 않게 한다.

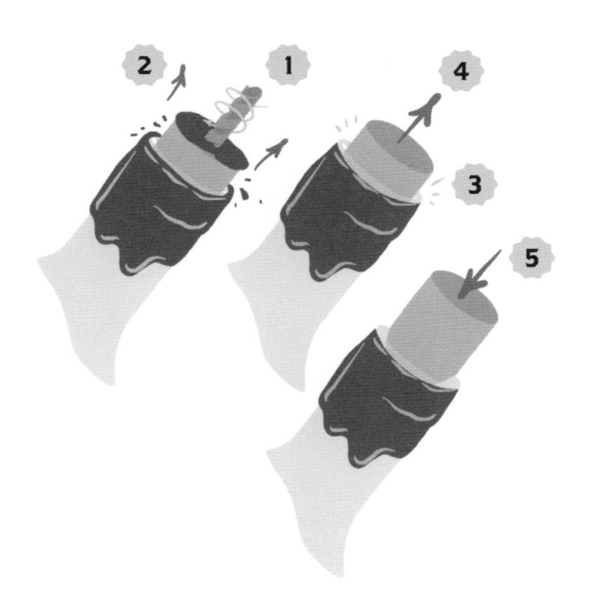

밀랍으로 봉인한 진

밀랍으로 봉인한 병은 물론 보기 좋지만 처음에는 당황할 수 있다.

1. 와인 오프너로 밀랍을 뚫고 코르크 마개에 오프너를 찔러 넣는다.
2. 코르크 마개를 반쯤 잡아 뺀다.
3. 밀랍 조각이 병 속에 빠지는 것을 막기 위해, 칼로 밀랍을 제거한다.
4. 마개를 완전히 잡아 뺀다.
5. 다시 병을 막을 수 있도록 코르크 마개를 잘 보관한다.

병은 항상 세워 놓는다!

와인과 달리 증류주는 세워서 보관하는 것이 중요하다. 진의 알코올 도수는 매우 높아 코르크가 견디지 못한다. 결과적으로 알코올이 코르크의 성분을 흡수하여 진의 아로마가 변할 수 있다.

마케팅에 속지 말자

진은 보통 고급 주류에 속하며 예술적인 원칙에 따라 만들어지지만, 항상 그렇지는 않다.
진을 살 때 지나치게 아름다운 이야기는 경계할 필요가 있다.
그 속에 향료를 섞어 넣은 품질이 떨어지는 술이 숨어 있을지도 모른다.

꾸며낸 이야기들

모든 브랜드가 스토리텔링에 열심이다. 이들은 확인 가능한 몇 가지 사실로부터 그럴싸한 이야기를 만들어낸다. 하지만 이야기를 더욱 아름답게 만들기 위해 꾸며낸 내용의 진실성에 대해서는 의심해볼 필요가 있다.

값나가는 포장

일부 브랜드는 포장에 과감하게 투자하여 「프리미엄」, 「울트라 프리미엄」, 「레어」 등 과장된 수식어를 써붙인다. 하지만 보통 이런 찬사들은 병 속에 든 내용물과는 아무 관계가 없다. 엔진 오일 캔, 플라스크, 조각상 모양의 병 등, 생산자들이 소비자의 눈길을 끌기 위해 포장에 모든 것을 건다는 것은 굳이 말할 필요도 없다. 매출을 올릴 수 있다면 모든 방법을 동원한다.

강렬한 라벨

창의적인 라벨이 필수인 증류주가 있다면, 그것은 바로 진이다. 색상, 일러스트, 이름 등 모든 부분에 적용된다. 숙성 연수를 크게 표시하여 주목을 받을 수 없는 탓에, 진은 선반 맨 뒷줄로 밀려나지 않을 다른 방법을 찾아야 했다.

가짜 진 이야기

일부 생산자들의 창의성은 영국에서 「페이크 진(Fake Gin)」이라 부르는 문제를 부각시켰다. 주니퍼향이 적은 증류주를 진이라고 부를 수 있을까? 그런 제품들의 경우, 「보태니컬 스피릿」 카테고리에 속한다고 볼 수 있지만, 그럼에도 불구하고 일부 생산자들은 제품을 꾸준히 유통시키기 위해 더 잘 팔리는 「진」이라는 이름을 선호한다.

「크래프트」 아닌 크래프트 진

수작업으로 만든 「크래프트」 진을 판매하기도 하지만, 직접 증류소를 방문하여 눈으로 보고 판단하는 것도 좋다. 왜냐하면 특히 크래프트 진이라는 이름이 붙으면 더 많이, 더 비싸게 팔리기 때문이다.

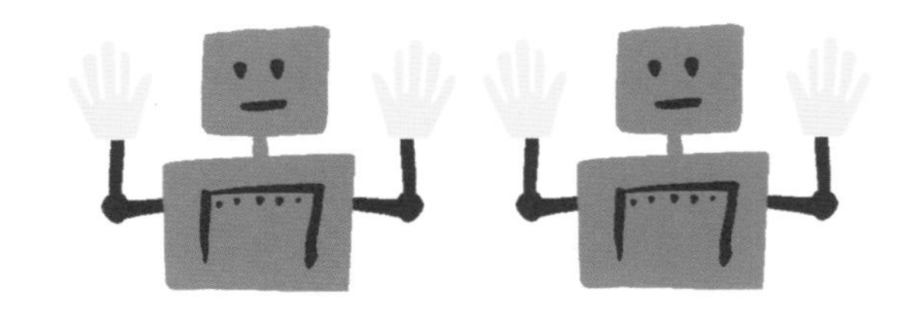

밥 엘 우에드(Bab El Oued)에서 온 런던 드라이 진

라벨이 말하는 진의 지리적 산지를 믿지 말자. 런던 드라이 진은 하나의 스타일일 뿐이며, 프랑스의 크뢰즈(Creuse), 일본, 심지어 헐리우드에서도 만들 수 있다.

생각보다 많은 사기!

만약 홍콩에서 최초로 만든 진을 구입했다면, 그것은 세관에 의해 사기라고 밝혀졌다는 사실을 알아두기 바란다. 그 진은 뉴질랜드에서 만들고 홍콩에서 라벨을 붙인 것이다.

반짝이는 스타 마케팅

진 홍보에 스타들을 적극 활용하여, 훌륭한 사람들이 그 진을 선택했다고 믿게 만드는 브랜드도 있다. 그러나 사실 정말 훌륭한 것은 그 스타들이 받은 수표의 액수이다. 한편, 스타들이 진 브랜드에 투자를 하기도 한다. 배우 라이언 레이놀즈(Ryan Reynolds)는 에이비에이션(Aviation) 진의 소유주였는데, 2020년 대형 주류회사 디아지오에 브랜드를 매각하였다.

점점 더 화려해지는 케이스

오늘날 럼 브랜드들은 소비자들이 명품을 산 것처럼 느낄 만한 케이스를 만들기 위해, 기발한 아이디어로 경쟁하고 있다. 그러나 이러한 현상은 사실 가난한 사람들을 위한 술이었던 진의 역사적 이미지와는 반대되는 것이다.

얼마든지 원하는 대로 따는 메달

어떤 병에는 최고의 진이라고 주장하는 듯한 메달이 자랑스럽게 장식되어 있다. 일부 메달은 다른 것들보다 좀 더 가치가 있기는 하지만, 어떤 메달도 그 제품이 소비자의 취향과 기대를 확실히 만족시켜 준다고 보증하지는 않는다.

에벵법(Loi Evin)

1991년 1월 10일에 제정된 에벵법은 음주와 흡연을 막기 위해 알코올 브랜드 홍보를 규제한다. 간략하게 요약하면 다음과 같다.

- 청소년용 출판물에 술과 담배 광고 금지. 오후 5시부터 자정까지 라디오에서 술과 담배 광고 금지. 수요일은 하루 종일 금지.
- TV와 영화에서 술과 담배 광고 금지.
- 청소년에게 술의 장점을 홍보하는 인쇄물이나 기념품 배포 금지.
- 스포츠 관련 시설에서 주류 판매와 유통, 홍보 금지.

가격

수요공급의 법칙은 진의 세계에도 적용된다. 좋은 소식은 접근 가능한 가격대의 좋은 진을 찾을 수 있다는 것, 나쁜 소식은 세계적으로 진 가격이 오르고 있다는 것이다.

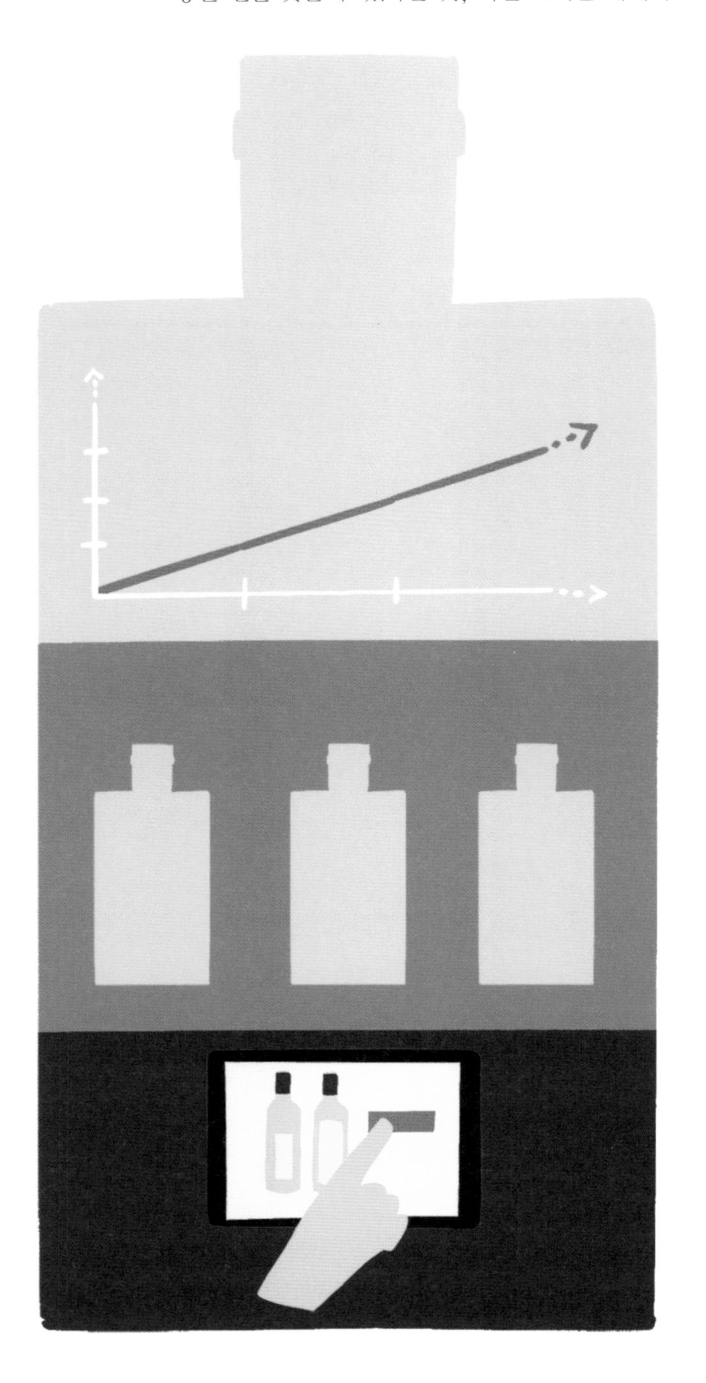

증가하는 판매량

진은 현재 프랑스에서 가장 역동적인 변화를 겪고 있는 증류주이다. 전체 증류주 시장 점유율은 4%에 지나지 않지만, 계속된 상승세로 대형마트에서는 25%, 일부 프리미엄 제품군의 경우 30%나 판매율이 증가하였다.

가격 분석

진 1병을 15유로에 구입하면, 이 금액의 대부분을 제조사가 가져간다고 생각하는가? 그것은 잘못된 생각이다. 가격의 대부분은 다양한 세금으로 이루어져 있다.

- **시판되는 순수 알코올 부피에 부과되는 소비세**: 순수 알코올 기준 헥토리터당 1,806.28유로(2022년 기준)
- **사회보장 분담금**: 순수 알코올 기준 헥토리터당 579.96유로
- **부가가치세**: 판매 금액의 20%

결과적으로 최종적으로 남는 3유로 정도의 금액을 판매자, 유통업체, 브랜드가 나누게 된다.

진에 투자해볼까?

확실히 진의 인기가 높아지고 있기는 하지만, 현재 유행하는 진에 너무 빠른 투자를 권유하는 기관이 있다면 한정 수량 제품이라도 경계해야 한다. 또한 경영 참여 대출(Prêts Participatifs)을 통해 증류소에 투자하는 것도 의심해 보아야 한다. 이미 최근 몇 년 동안 수많은 브랜드가 시장에 진출했고, 다음 단계에서는 시장이 위축될 가능성도 없지 않다.

저렴하고 품질 좋은 진이 있을까?

다른 주류에 비해 진은 아직 접근 가능한 가격 수준이다(약 20~30% 저렴하다). 30~50유로 정도로 좋은 진을 찾는 것도 얼마든지 가능하다.

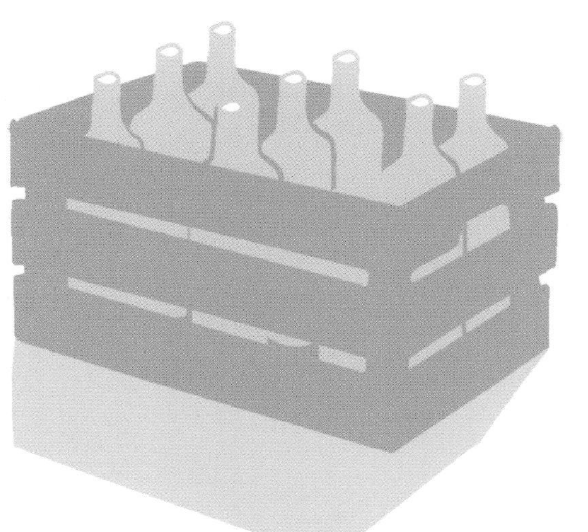

빈 병 판매

진 브랜드들은 정말 감탄을 자아낼 정도로 포장에 많은 투자를 하고 있다. 진을 마시는 사람들에게 좋은 소식은, 많은 진 애호가들이 다 마시고 빈 진병을 장식용으로 구매한다는 사실이다. 업사이클링(Upcycling)이라고도 하는 이러한 흐름은, 주로 SNS를 통해 활발하게 이루어지고 있다. 38파운드짜리 진의 빈 병이 이베이에서 평균 11.98파운드에 다시 팔린다. 빈 병이 원래 가격의 거의 1/3 정도를 돌려주는 것이다.

진을 잘 숙성시킬 수 있을까?

진에는 주니퍼베리와 다른 허브류가 들어 있어 시간이 지나면 변할 수 있다.
증류액은 식물에서 유래되었기 때문에 숙성시키면 유기물질이 분해되고 구성이 변화한다. 그로 인해 몇 년이 지나면 새로운 조합이 만들어지는데, 이러한 변화는 때로는 놀라운 결과물을 보여주기도 하고, 반대로 매우 안 좋은 결과를 가져오기도 한다(특히 진을 잘못 보관했을 경우에 그렇다).

진은 어렵지 않아

식탁에서

À TABLE !

와인이나 위스키에 비해 잘 알려져 있지는 않지만, 진도 얼마든지 맛있는 음식과 매칭할 수 있다. 진의 상쾌한 향이 오히려 음식의 맛을 더 잘 살려줄 수도 있다. 전혀 예상치 못했던 의외의 조합이지만 훌륭한 맛으로 주위 사람들을 놀라게 할 것이다. 그러나 잘못된 조합은 모든 것을 망칠 수 있다. 요리뿐 아니라 진까지도!

진은 어렵지 않아

À TABLE !

진과 함께하는 저녁식사

사람들은 대부분 진을 식전주와 연결시키곤 한다.
그러나 독창성과 창의성을 조금만 발휘한다면 진을 식사 전체와 매칭하는 것도 얼마든지 가능하다.

진과 음식은 어떻게 매칭할까?

증류주는 와인에 비해 더 복합적인 아로마 스펙트럼 갖고 있어서, 더 빠르게 변화할 수 있다. 수분이 많은 음식은 진의 알코올 도수에 영향을 주고, 아로마에도 변화를 준다. 하나의 음식을 여러 가지 방식으로 진과 매칭하는 것도 가능하다.

1

보완적 매칭

진과 음식이 서로 풍미를
살릴 수 있게 매칭한다.

2

대조적 매칭

맛이 강한 음식과 부드럽고
꽃향기가 나는 진을 매칭한다.

3

톤 온 톤(ton on ton) 매칭

음식의 향과
같은 향을 가진 진을 매칭한다.

어떤 순서로 맛볼까?

당신이 좋아하는 것부터 시작하면 된다. 하지만 먼저 요리를 맛본 다음 진을 한 모금 마시는 것을 추천한다. 이렇게 하면 진의 맛이 살아나고 더 부드럽게 느껴질 것이다. 특히 요리에 기름기가 있다면 더욱 그렇다.

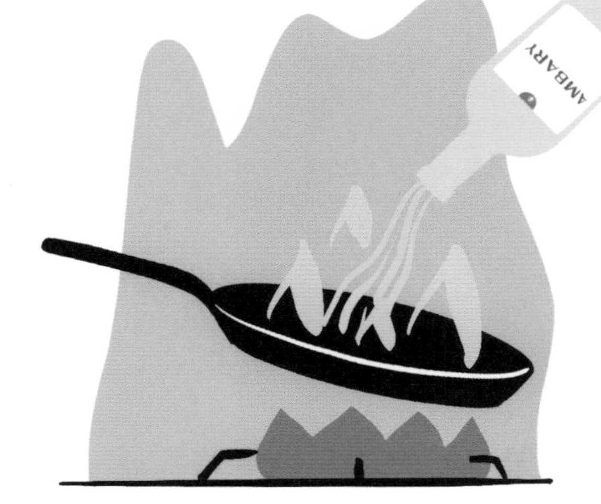

셰프의 팁

요리(소스, 플랑베 등)에 진을 조금 사용하면, 요리와 진을 자연스럽게 연결시킬 수 있다.

알코올이 식욕을 돋우는 이유는?

알코올이 식욕을 돋운다는 것은 잘 알려진 이야기다. 20세기 초 많은 아페리티프(apéritif, 식전주) 브랜드의 광고 문구에 등장한 내용이기도 하다. 「아페리티프」라는 단어는 「시작하다」라는 뜻을 가진 라틴어 아페리레(aperire)에서 유래되었다.
그렇다면 이유가 뭘까? 2015년 〈건강 심리학(Health Psychology)〉 저널에서 밝힌 내용에 따르면, 그 이유는 단지 알코올이 자제력과 억제 능력을 감소시키기 때문이라고 한다. 매우 단순한 이유다.

식중독 예방!

2002년 〈에피데미올로지(Epidemiology)〉 저널에 실린 연구에 따르면, 음식을 먹으면서 와인이나 맥주 또는 증류주를 마시는 사람은 살모넬라균에 감염될 위험이 더 적다고 한다. 아는 것이 힘이다!

진토닉과 어울리는 음식

진과 음식을 직접 매칭하는 것보다 먼저 진토닉에 음식을 곁들여보면,
식사와 함께 진을 즐기는 새로운 방식에 좀 더 쉽게 익숙해질 수 있다.

새로운 감각

진토닉은 단독으로 마셔야 한다는 생각은 틀렸다. 진토닉과 조화를 이루었을 때, 많은 음식이 새롭게 태어난다. 단순히 식욕을 돋울 뿐 아니라, 진토닉은 완전히 새로운 맛을 선사한다. 진토닉으로 당신의 음식을 완벽하게 보완하거나, 진토닉을 레시피의 재료로 사용하거나, 2가지를 모두 할 수도 있다. 놀라운 조합이 가득하다.

쓴맛과 배고픔의 관계

고대부터 로마인들은 「식전 음료」를 마셨다. 이는 본래 음식을 최대한 효율적으로 준비하고 과식을 막기 위해, 식사 전에 쓴 허브를 우려낸 와인을 마시던 로마인의 습관에서 비롯된 것이다. 그러나 최근(2011) 이와 반대되는 사실이 과학적으로 밝혀졌다. 벨기에 연구자들은 위에서 분비되는 그렐린(Ghrelin, 식욕촉진 호르몬)이, 쓴맛 신호 전달에 관여하는 단백질 중 하나인 알파-거스트듀신(α-gustducin)과 결합된 쓴맛 수용체에 의해 조절된다는 사실을 발견했다. 그러니까 간단하게 말하자면, 쓴맛이 식욕을 돋운다는 것이다.

진토닉과 음식의 조합

진에 사용되는 주요 방향식물과 잘 어울리는 식재료를 소개한다.

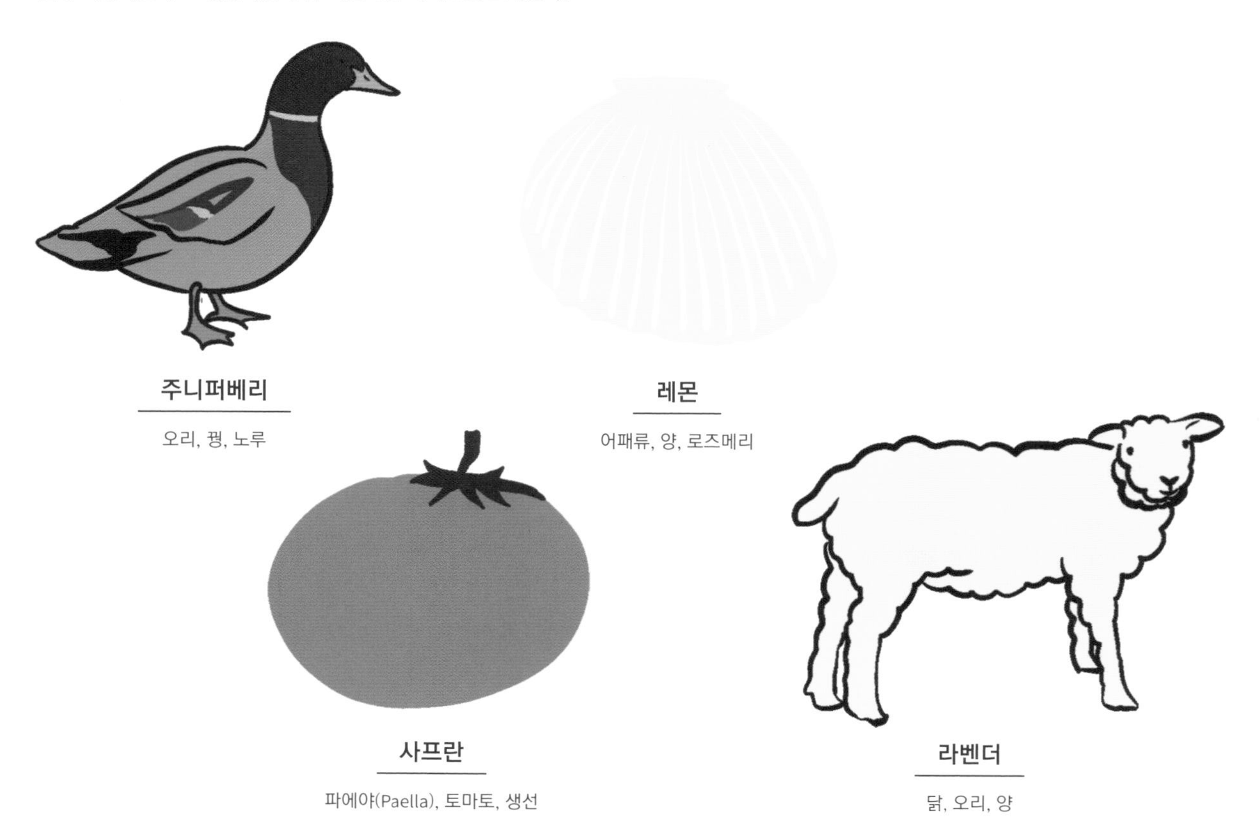

농어 세비체

재료

농어 필레 300g
적양파 1개
붉은 고추 1개
라임 1개
구운 옥수수(또는 옥수수 칩) 적당량
클레멘타인 4개(또는 오렌지 2개)

고수 오일

고수풀 1묶음
포도씨 오일 100㎖

만드는 방법

1 농어 필레를 작은 조각으로 자른다.
2 **1**에 라임 제스트, 라임즙, 클레멘타인 또는 오렌지 즙을 넣고 재운다.
3 고수 오일을 만든다. 굵게 다진 고수풀을 80℃까지 데운 포도씨 오일과 섞어서 고수 오일을 만든 뒤 체로 거른다.
4 **2**를 그릇에 나누어 담는다. 고수 오일, 잘게 다진 적양파, 잘게 다진 고추, 구운 옥수수를 곁들여 마무리한다.
5 냉장고에서 차갑게 식힌 뒤 먹는다.

진의 감귤류 풍미가 요리에 섞인 감귤류 혼합물과 조화를 이루어, 농어 세비체와 완벽하게 어우러진다.

영국식 오이 샌드위치

재료

신선한 셰브르 치즈 200g
샌드위치용 식빵 8조각
오이 1개
차이브 1다발
굵은 소금 1꼬집
소금, 후추 적당량

만드는 방법

1 오이는 껍질을 벗긴다. 세로로 길게 2등분하여 씨를 파내고, 최대한 얇게 슬라이스한다. 체에 담고 굵은 소금을 뿌린다. 잘 섞어서 30분 정도 두고 물기를 뺀다.
2 차이브를 다지고 식빵의 껍질 부분을 잘라낸다. 볼에 셰브르 치즈와 다진 차이브 1/2 분량, 소금, 후추를 넣고 잘 섞는다.
3 차가운 물로 오이를 깨끗이 씻어서 건진 다음, 면보로 싸서 물기를 완전히 제거한다.
4 껍질을 자른 식빵 위에 차이브를 섞은 치즈를 바른다. 치즈는 장식용으로 사용할 분량을 조금 남겨둔다. 오이 슬라이스를 펼쳐서 올린다. 그 위에 다른 식빵을 덮는다. 2등분한다.
5 다진 차이브 남은 것을 작은 접시에 담는다. 샌드위치 옆면 가장자리에 장식용으로 남겨둔 치즈를 바르고, 차이브를 담은 접시 위에 찍어서 차이브가 달라붙게 한다.

진과 음식의 페어링

와인 대신 위스키 같은 증류주를 음식에 곁들이는 일이 많아졌다.
하지만 진은 아직 그렇지 못하다. 진과 음식의 페어링은 아직 밝혀지지 않은
다양한 풍미를 발견할 수 있는, 진정한 게임이 될 것이다.

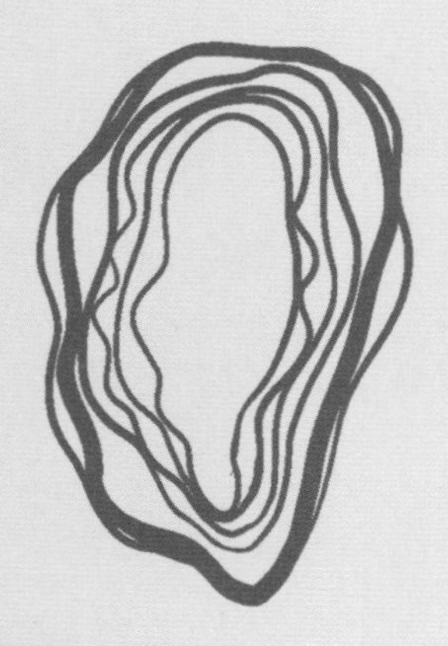

진과 해산물

진의 감귤류 노트는 훈제 연어, 새우, 홍합, 굴과 같은 해산물과 완벽하게 잘 어울린다. 생강과 고수로 양념한 새우 꼬치 바비큐에 진을 한 잔 곁들여 보자.

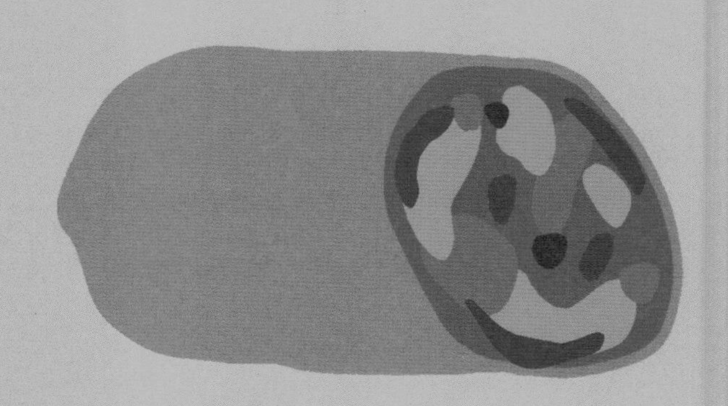

진과 샤퀴트리

역사적으로 육류를 가공할 때는 허브와 향신료를 사용하여 산패를 막고 풍미를 더했다. 샤퀴트리(Charcuterie, 육가공품)에 많이 사용되는 향신료(검은 후추, 펜넬)들은 진에서 흔히 느낄 수 있는 시나몬, 감귤류, 허브의 향과 잘 어우러져, 샤퀴트리에 함유된 지방의 풍미와 조화를 이룬다.

진과 올리브

완벽한 조화를 원한다면, 진 마레(Gin Mare)나 올리진(Oli'Gin)과 같이 올리브로 만든 진과 함께 즐겨보자. 올리브는 진 마티니의 가니시로도 자주 사용되고, 올리브를 절인 소금물을 넣은 「더티 마티니」에 함께 제공되기도 한다.

진과 치즈

와인은 잊어버리자! 아페리티프로 내는 만체고 치즈, 훈제 치즈, 셰브르 치즈 등의 비교적 맛이 강한(지나치게 진한 치즈는 좋지 않다) 경질 치즈는, 진이 가진 섬세하고 스파이시한 향과 잘 어울린다.

진과 양고기

양고기는 로즈메리, 민트, 마늘 등 향이 강한 향신료를 넣고 마리네이드하여 요리하는 경우가 많아서, 그 맛이 요리 전체를 지배하기 쉽다. 지비에(수렵육)처럼 양고기도 붉은 베리류나 주니퍼베리와 잘 어울리며, 슬로 진과 함께 즐기면 좋다.

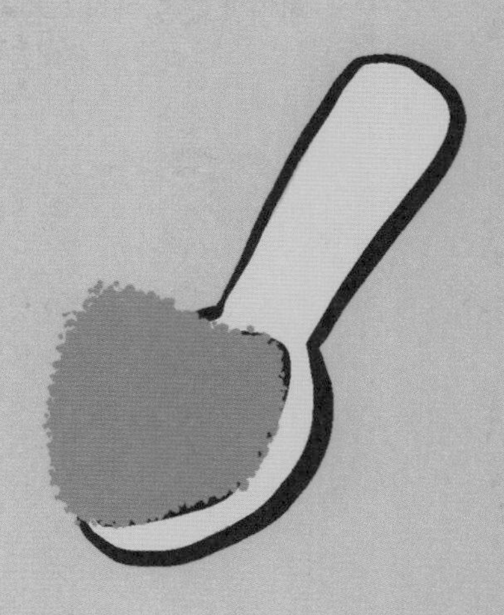

진과 커리

이 조합에 대해서는 주저하는 사람도 많지만, 진의 상쾌한 향이 향신료와 균형을 이루며 입안을 깔끔하게 정리해준다. 일반적으로 인도요리가 진과 매우 잘 어울린다.

진과 초콜릿

럼과 초콜릿의 조합에 비해 많이 알려지지는 않았지만, 초콜릿과 진의 페어링도 시도해보자. 모든 종류의 진이 초콜릿과 잘 어울리지만, 특히 잘 맞는 것들이 있다. 진의 풀향은 달콤한 화이트 초콜릿과 잘 어울리며, 다크 초콜릿은 주니퍼베리와 감귤류의 향이 강한 진과 어울린다.

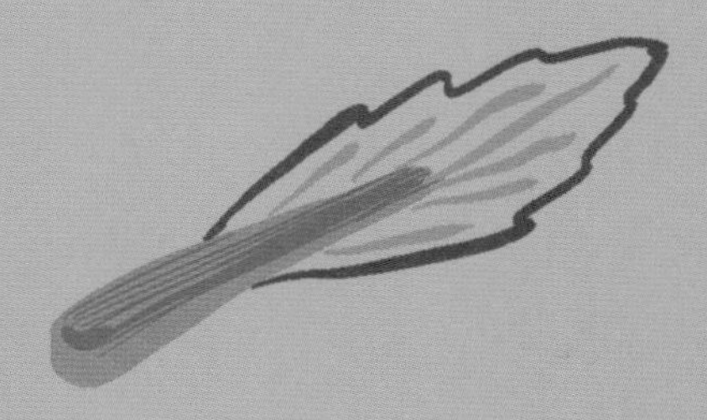

진과 루바브

안젤리카 뿌리가 들어간 진에서는 나무향이 나는데, 이것이 루바브와 잘 어울리며 특히 달콤한 디저트로 만들었을 때 더 궁합이 좋다. 그래서 루바브 진 리큐어를 만드는 생산자도 있다.

진을 사용한 요리

복합적인 풍미와 여러 가지 방향식물의 향이 있는, 다양한 매력의 진을
요리의 재료로 사용하는 것도 얼마든지 가능하다. 진과 함께 창의성을 발휘하여
단순한 요리부터 복잡한 요리까지 새롭게 만들어보자.

토마토와 진 콘킬리오니
_ 4인분

재료

양파 1개
마늘 2쪽
잘 익은 토마토 1㎏
올리브 오일 1TS
토마토 페이스트 2TS
허브(타임, 오레가노) 1다발
진 120㎖
콘킬리오니 파스타 300g
버팔로 모짜렐라 200g짜리 2개
방울토마토 300g
루콜라 1줌
소금, 후추 적당량

만드는 방법

토마토소스를 만든다. 양파와 마늘은 잘게 다지고 잘 익은 토마토는 작게 자른다. 냄비에 올리브 오일을 넣고 가열한다. 마늘, 양파를 넣고 투명해질 때까지 볶는다(약 2분). 토마토 페이스트를 넣고 강불로 살짝 볶는다. 자른 토마토와 허브를 넣는다. 뚜껑을 덮고 20분 정도 뭉근하게 익힌다. 뚜껑을 열고 가끔씩 저어주면서 20분 동안 더 익힌다. 냄비를 불에서 내리고 허브를 건져낸다. 진을 넣고 소금과 후추를 뿌린다.
그동안 넉넉한 소금물에 콘킬리오니 파스타를 8분 정도 삶는다. 오븐을 220℃로 예열하고, 파스타를 건져서 면보 위에 올려 물기를 제거한다. 큰 그라탱 용기에 토마토소스 1/2 분량을 깐다. 그 위에 콘킬리오니를 벌어진 부분이 위로 올라오도록 겹쳐서 올린다. 모짜렐라를 작게 잘라 파스타 위에 골고루 뿌린다. 남은 토마토소스를 올리고 방울토마토를 얹는다. 오븐에 넣고 20분 동안 노릇하게 굽는다. 루콜라를 올려 완성한다.

진토닉 케이크

이 이름을 처음 들은 사람들은 웃음을 터트리지만, 일단 한번 먹어보면 2번째 조각을 원하게 되는 케이크이다. 마담 진(MADAME GIN)의 블로그에 있는 레시피로, 조금 복잡해 보이지만 시간만 있다면 얼마든지 만들 수 있다.

_케이크 1개(18조각) 분량

재료

케이크

말린 주니퍼베리 4ts
설탕 500g
+ 그라인더에 갈 설탕 1TS
부드러운 버터 250g
+ 틀에 바를 버터 조금
밀가루 750g
+ 틀에 바를 밀가루 조금
카르다몸(간 것) 2ts
베이킹소다 ½ts
소금 ½ts
큰 달걀(상온 보관) 4개
곱게 간 라임 제스트 4.5ts(큰 라임 3개 분량)
바닐라 에센스 1ts
버터밀크 250㎖(잘 흔들어준 뒤 계량)
진 30㎖

진토닉 시럽

주니퍼베리 1TS
설탕 125g
토닉 125㎖
진 2TS

진 & 라임 글레이즈

슈거파우더 375g
라임즙 1TS
진 1TS
무색 콘시럽 1ts
소금 1꼬집

장식용

잘게 다진 라임 제스트 적당량

만드는 방법

케이크

오븐을 160℃로 예열한다.
가운데에 구멍이 있는 지름 25㎝ 도넛모양 틀 내부에 버터를 바른다. 틀에 바를 밀가루를 넣고 틀 안쪽 벽면 전체에 꼼꼼하게 바른다. 여분의 밀가루는 털어낸다.
팬에 주니퍼베리를 넣고 중불로 2분 정도 굽는다. 불을 끄고 식힌다. 그라인더에 구운 주니퍼베리와 설탕 1TS을 넣고 갈아서 가루로 만든다.
큰 볼에 주니퍼베리와 설탕 간 것, 설탕 500g, 버터를 넣고, 버터가 가볍게 부풀어오를 때까지 믹서로 섞는다(**A**).
그동안 다른 볼에 밀가루, 카르다몸, 베이킹소다, 소금을 넣고 거품기로 살짝 섞어준다(**B**).
A에 달걀을 1개씩 넣고 섞는다. 넣을 때마다 거품기로 잘 섞어주고, 볼 벽에 붙은 것도 잘 긁어서 섞는다. 그런 다음 라임 제스트, 바닐라 에센스를 넣고 믹서로 섞는다(**C**).
C에 고무주걱이나 큰 금속 스푼으로 **B**를 조금 넣은 다음 다시 버터밀크를 조금 넣고 섞는데, 이 과정을 여러 번 반복해서 전체를 섞는다. 그런 다음 진을 넣는다. 반죽이 엉기는 것처럼 보이는 것이 정상이다.
버터와 밀가루를 바른 틀에 반죽을 채우고 스패츌러를 사용해 표면을 매끈하게 정리한 뒤 오븐에 넣는다. 칼로 케이크 한 가운데를 찔렀을 때 칼날에 묻어나오는 것이 없고, 틀에서 케이크가 떨어지기 시작할 때까지 굽는다(약 70분).
오븐에서 케이크를 꺼낸다. 벽면과 중앙의 구멍에서 케이크를 잘 벗겨낸다. 틀째로 망 위에 올려 10분 정도 둔다.

진토닉 시럽

케이크를 식히는 동안 진토닉 시럽을 준비한다. 절굿공이로 주니퍼베리를 으깨서 냄비에 담고, 설탕과 토닉을 넣는다. 중불로 끓이면서 설탕이 녹을 때까지 저어준다. 수분이 1/2로 줄어들 때까지 끓인다(약 5분). 냄비를 불에서 내린 다음 시럽을 고운체에 걸러 용기에 담는다. 걸러낸 주니퍼베리는 버린다. 시럽에 진을 섞는다.
케이크를 10분 정도 식힌 뒤 틀을 제거하고, 오븐팬 위에 올려둔 망 위에 케이크를 놓는다. 꼬치로 케이크 표면을 찔러서 구멍을 낸다.
아직 따뜻한 케이크 위에 진토닉 시럽을 천천히 붓는다. 케이크가 시럽을 흡수하도록 기다렸다가 다시 시럽을 붓는다. 케이크를 망 위에 올린 채로 식힌다.

진&라임 글레이즈

볼 위에서 슈거파우더를 체에 친다. 작은 볼에 라임즙, 진, 콘시럽, 소금을 섞는다. 체에 친 슈거파우더를 조금씩 넣으면서 거품기로 매끈해질 때까지 섞는다. 글레이즈가 지나치게 되직하면 라임즙 또는 진 중 원하는 것을 조금 더 넣는다. 케이크 위에 글레이즈를 천천히 붓는다. 여분은 가장자리로 흘러내리게 둔다. 잘게 다진 라임 제스트를 뿌린다.

진은 어렵지 않아

바 & 칵테일

BARS & COCKTAILS

진은 수많은 칵테일 레시피에 사용되는 대표적인 술이다. 그런 진을 빼놓고 칵테일에 대해 이야기하는 것은 불가능하다. 위스키나 럼 같은 브라운 스피릿에 비해 덜 지배적이면서, 보드카보다는 더 풍부한 터치를 지닌 진은, 칵테일에 힘과 섬세한 아로마를 제공하여 말 그대로 모든 것을 바꿔 놓기도 한다. 물론 칵테일이라는 핑계로 싸구려 진을 섞는 문제는 논외다.

진은 어렵지 않아

CHAPTER 6 : 바 & 칵테일

바에서 진 주문하기

바에 들러 스트레이트 진이나 진 베이스의 칵테일을 마시기로 했다면,
멋진 경험을 위해 몇 가지 팁을 소개한다.

어떤 분위기를 원하는가?

진 바에는 다양한 종류가 있다. 전문성을 내세워 본고장 영국보다 다양한 구색을 갖춘 바가 있는가 하면, 종류는 적지만 맞춤형 진으로 당신의 취향을 만족시키는 바도 있다.

볼거리, 마실 거리가 있는 싱가포르 아틀라스 바(Atlas Bar)

멋진 아르데코(Art Deco) 인테리어와 엄청난 진 컬렉션을 갖춘 바에서 마시는 칵테일은 어떨까? 싱가포르 아틀라스 바에는 매장 한쪽에 웅장한 진 타워(Gin Tower)가 높이 솟아 있는데, 40개국이 넘는 산지에서 온 무려 1,300종 이상의 진을 보유하고 있다.

Address : 600 North Bridge Rd, Parkview Square, Singapour, 188778.

코퍼베이(CopperBay)

최대한 많은 진을 갖추기 위해 경쟁하는 바들도 있지만, 코퍼베이는 맞춤형 진을 선택했다. 라 디스틸르리 드 파리(La Distillerie de Paris)와의 협업으로 전용 진을 만든 것이다. 프로방스 부케의 아로마와 아니스 노트가 감도는 코퍼베이의 진은, 지중해에 바치는 찬가와도 같다. 이 바의 테마가 항해인 것처럼 말이다.

Address : 5, rue Bouchardon, Paris 75010. 36, boulevard Notre-Dame, Marseille, 13006.

ATLAS

CB PARIS

Tiger

40 St PAULS

블루버드(Bluebird)

블루버드라는 이름은 찰스 부코스키(Charles Bukowski)의 시에서 영감을 받아 붙여진 이름이다. 블루버드는 1950년대의 분위기를 간직하고 있으며, 진 베이스 칵테일이 상당히 많은 부분을 차지하고 있다. 바 안에 있는 수족관이 칵테일을 더 편안하게 즐길 수 있게 도와준다.

Address : 12, rue Saint-Bernard, Paris, 75011.

타이거(Tiger)

100종류가 넘는 진, 1040가지나 되는 진과 토닉의 조합이 가능한 타이거 바는 세계 최초의 진 바이다. 매우 활기찬 생제르맹 데 프레(Saint-Germain-des-Prés) 거리에 위치하고 있다. 진 애호가들이 스트레이트나 칵테일로 진을 즐길 수 있는 완벽한 장소이다.

Address : 13, rue Princesse, Paris, 75006.

40 세인트 폴(40 St Pauls)

세계 최고의 진 바로 여러 번 선정된 이곳은, 좌석이 24개뿐인 친밀한 분위기로 진에 대한 철학이 있는 공간이다. 가이드 테이스팅, 치즈와 초콜릿을 포함한 음식과 진의 페어링, 140종류가 넘는 진 테이스팅이 가능하다. 진과 관련된 모든 것을 경험할 수 있는 바이다.

Address : 40 Cox St, Birmingham B3 1RD.

진 한 잔 할까요?

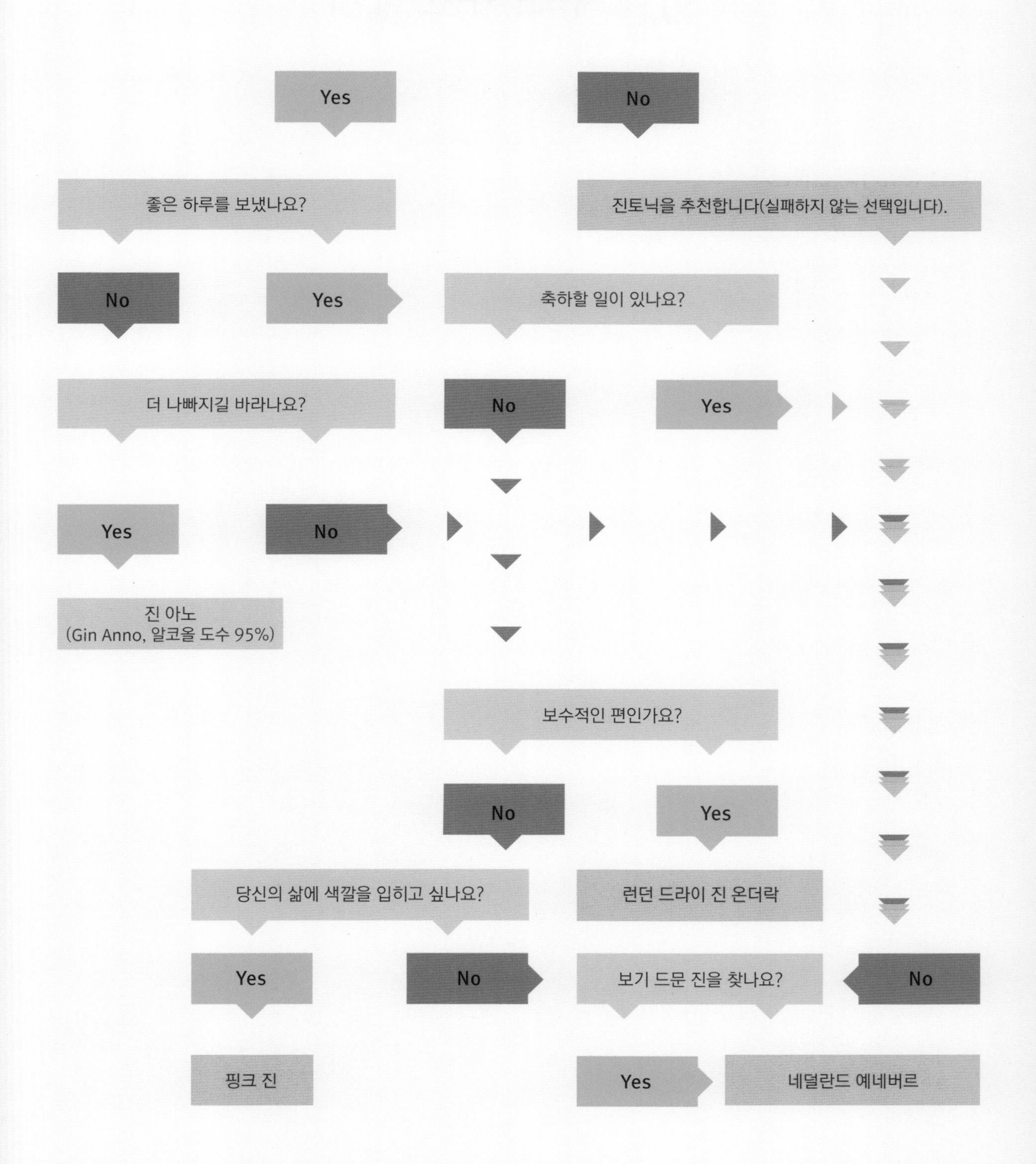

Yes
No
좋은 하루를 보냈나요?
진토닉을 추천합니다(실패하지 않는 선택입니다).
No
Yes
축하할 일이 있나요?
더 나빠지길 바라나요?
No
Yes
Yes
No
진 아노
(Gin Anno, 알코올 도수 95%)
보수적인 편인가요?
No
Yes
당신의 삶에 색깔을 입히고 싶나요?
런던 드라이 진 온더락
Yes
No
보기 드문 진을 찾나요?
No
핑크 진
Yes
네덜란드 예네버르

칵테일의 기본 도구

칵테일을 마시고 싶으면 바에 가야 한다. 그러나 집에서 직접 만들어 볼 수도 있다. 몇 가지 기술과 기본 도구만 갖추면 멋지게 성공해 친구들을 깜짝 놀라게 할 수도 있다!

셰이커(Shaker)

칵테일하면 가장 먼저 떠오르는 도구이다. 재료의 온도를 재빨리 떨어뜨리고 잘 섞이게 해준다. 셰이커에는 여러 종류가 있는데, 가장 많이 사용하는 것은 필터가 들어 있고 세 부분으로 구성된 것이다.
사용방법은 재료와 얼음을 넣고 뚜껑을 잘 닫은 다음 셰이커 표면에 성에가 생길 때까지(약 10~20초) 흔들면 된다. 열 때는 결합부위를 세게 한 번 두드린 다음, 밑에서 위로 비스듬히 힘있게 밀어준다.

TIP
셰이커가 없다면 빈 잼병(뚜껑이 있어야 한다)이나 물통을 사용한다.

믹싱 글라스와 바 스푼

일부 칵테일(대표적으로 네그로니)은 셰이커에 넣지 않고 믹싱 글라스로 섞는다. 이렇게 하면 재료를 섬세하게 섞으면서 온도를 낮출 수 있다. 믹싱 글라스는 큰 유리잔인데, 여기에 재료와 얼음을 넣고 바 스푼을 사용해 잔 바닥까지 약 15초 정도 저어서 섞는다.

TIP
믹싱 글라스가 없으면 빈 잼병과 긴 테이블 스푼을 사용한다.

잔

좋은 칵테일은 좋은 잔에 담아야 한다. 잔 모양은 칵테일 맛에도 영향을 주며, 알맞은 용량의 잔을 갖추는 것도 중요하다. 너무 작아도, 너무 커도 좋지 않다. 또한 효과를 극대화시키기 위해 서빙 전에 잔을 냉동고에 넣어두면 칵테일의 시원함이 더 오래 유지된다.

지거(Jigger)

칵테일은 베이킹과 같다. 계량할 때 한 가지만 실수해도 칵테일 전체의 균형이 깨진다. 바에서 쓰는 지거는 2개의 계량컵으로 이루어져 있으며, 대부분(그래도 항상 확인해야한다) 큰 쪽이 40㎖, 작은 쪽이 20㎖ 용량이다.

TIP
지거가 없을 때를 대비해, 대부분의 술병 뚜껑은 약 20㎖ 용량임을 알아두자.

머들러(Muddler)

허브나 향신료를 찧어서 향을 추출하는 도구이다. 머들러에 힘을 주고 원을 그리듯이 돌려서 재료를 짓이긴다. 머들러를 사용할 때는 충격을 견딜 수 있을 만큼 충분히 단단하고 다리가 없는 잔을 사용해야 하며, 잔을 잘 고정시킨 상태에서 작업해야 한다.

TIP
머들러가 없다면 나무스푼을 사용한다. 민트는 손으로 짓이기기만 해도 향이 잘 퍼진다.

스트레이너(Strainer)

시음에 방해되는 허브나 남은 얼음 조각 등을 걸러서 셰이커나 믹싱 글라스에 남기고, 잔에는 원하는(마시고 싶은) 내용물만 따르기 위한 도구이다. 호손(Hawthorne) 또는 줄렙(Julep)이라고도 한다.

TIP
바텐더용 스트레이너가 없다면, 주방에서 쓰는 거름망이나 체를 사용한다.

진 베이스의 주요 칵테일

네그로니(Negroni)

컬트 칵테일인 네그로니는 매력적인 씁쓸한 맛 외에도, 화려한 붉은색으로 눈길을 끈다.
이탈리아식 아페르티보(Apertivo)로 안성맞춤인 칵테일로, 만들기도 쉽고 밸런스도 완벽하다.
그야말로 라 돌체 비타(달콤한 인생)의 향기를 선사하는 칵테일!

도구 믹싱 글라스 • **얼음 형태** 큐브 • **잔** 올드 패션드 글라스

재료

런던 드라이 진 30㎖
스위트 베르무트 로소 30㎖
캄파리 30㎖

가니시

오렌지 제스트 1조각

만드는 방법

1 가니시를 제외한 모든 재료를 얼음과 함께 믹싱 글라스에 넣는다.
2 스푼으로 젓는다.
3 큰 얼음을 가득 채운 올드 패션드 글라스에 따른다.
4 오렌지 제스트로 장식한다.

역사

20세기 초 이탈리아를 상징하는 칵테일 네그로니는, 그 역사를 추적할 수 있는 몇 안 되는 칵테일 중 하나다. 루카 피치(Luca Picchi)가 쓴 『백작의 길 위에서. 칵테일 〈네그로니〉의 진짜 이야기(Sulle tracce del conte. La vera storia del cocktail 〈Negroni〉)』(Plan, 2006) 라는 책 덕분이다.

사실 네그로니는 칵테일 아메리카노의 변형이다. 아메리카노는 그 발상지에서 유래된 이름인 「밀라노 토리노(Milano-Torino)」라고 불리기도 한다. 네그로니의 이름은 피렌체의 카밀로 네그로니 백작에게서 따왔는데, 저녁식사 전에 식욕을 돋우기 위한 칵테일로 만들어졌다.

네그로니는 1919년 피렌체의 카페 카소니(Caffè Casoni)에서 첫선을 보였다. 미국 극서부(The Far West) 지역을 여행한 뒤 「혼합 음료」를 좋아하게 된 카밀로 네그로니 백작은, 카소니의 바텐더 포스코 스카르젤리(Fosco Scarzelli)에게 자신이 좋아하는 칵테일 「아메리카노」를 더 강하게 만들어줄 것을 청한다. 이에 바텐더는 아메리카노에 사용하는 탄산수를 진으로 대체하였고, 그렇게 네그로니가 탄생하였다.

아메리카노와 구분하기 위해 레몬 대신 오렌지 슬라이스를 사용한 이 칵테일은 대성공을 거두었고, 모두가 네그로니를 맛보기 위해 카페 카소니를 방문하기에 이른다.

한 세기를 거치는 동안 네그로니는 칵테일의 클래식이 되었지만, 최근 10년 동안 다시 인기를 끌고 있다. 네그로니가 가진 「인스타그래머블(Instagrammable)」한 면과 더불어, 소비자들이 네그로니의 「쓴맛」을 재발견한 덕분이다.

마티니(Martini)

두말할 필요 없는, 가장 유명한 진 베이스 칵테일. 마티니는 모든 칵테일 책의 가장 앞부분에서 독보적인 위치를 차지하고 있으며, 바텐더의 역량을 제대로 시험할 수 있는 칵테일이기도 하다. 「완벽한」 마티니는 그만큼 만들기 어렵다.

도구 믹싱 글라스 • **얼음 형태** 큐브 • **잔** 마티니 글라스

재료

진 50㎖
드라이 베르무트 15㎖

가니시

레몬 제스트 1조각,
올리브 꼬치 1개

만드는 방법

1 진과 드라이 베르무트를 얼음과 함께 믹싱 글라스에 넣는다.
2 바 스푼으로 젓는다.
3 스트레이너를 이용하여, 차갑게 식혀둔 마티니 글라스에 따른다.
4 레몬 제스트와 올리브 꼬치를 올린다.

마티니에서 가니시의 중요성

올리브, 체리, 레몬 제스트 또는 레몬 슬라이스는 마티니를 완성하기 위한, 마지막 결정적 터치이다. 그러나 무엇보다 중요한 것은 센스 있는 마무리이다. 사용한 진의 스타일에 맞는 가니시를 선택해야 한다.

셰이커? 또는 스푼?

흔들 것(셰이킹)인가 저을 것(스터링)인가. 마티니를 두고 벌어지는 끊임없는 논쟁의 주제이다. 이 문제는 이안 플레밍(Ian Fleming)의 제임스 본드가, 자신만의 방식으로 마티니를 주문하는 장면을 통해 새로운 국면에 접어들었다. 셰이킹은 스터링 방식보다 마티니의 냉각 속도를 높여준다. 하지만 믹싱 글라스로 저어서 만드는 방식은, 완벽한 희석과 함께 재료들을 섬세하게 결합시켜준다.

역사

스타일과 세련미의 상징인 마티니는 한 잔의 칵테일 그 이상의 의미로, 수십 년 동안 변함없이 이어져 왔다. 마티니의 역사에는 각기 다른 창조자에 의한 수많은 유래가 있다. 그럼에도 불구하고 마티니가 미국에서 발명되었다는 데에는 대체적으로 의견이 일치된다. 마티니는 마르티네즈 출신으로 추정된다. 캘리포니아의 마르티네즈 지역에는 1870년경 훌리오 리슐리외(Julio Richelieu)의 바에서 마티니가 탄생한 것을 기념하는 명판도 존재한다. 초기의 마티니는 전혀 다른 모습이었는데, 진과 스위트 베르무트를 1:2 또는 1:1 비율로 섞고(오늘날처럼 드라이하지 않았다), 비터 시럽을 추가하기도 했다. 당시 마티니는 훨씬 달콤했다.
그러나 20세기 동안 마티니에서 진의 비율이 점점 늘어났고, 진에 베르무트 터치를 살짝만 가미한 「네이키드 마티니(Naked Martini)」가 만들어지기에 이른다.

PRO TIP
놀랍도록 단순하지만 완벽한 마티니를 만들기는 쉽지 않다. 일단 많은 양의 차갑고 좋은 얼음이 필요하다. 만약 얼음에 물기가 있거나 얼음 온도가 조금 올라가면, 지나치게 희석되고 온도를 충분히 낮추지 못해 묽은 칵테일이 되고 만다.
개인적인 취향이나 진, 베르무트, 가니시의 선택에 따라 다양한 응용이 가능하다. 잔은 냉동실에서 바로 꺼내 항상 차가운 상태로 사용한다.

페구 클럽(Pegu Club)

전설적인 바에서 영국과 버마라는 두 세계의 만남을 통해 탄생한 상징적인 진 칵테일.

도구 셰이커 • **얼음 형태** 큐브 • **잔** 마티니 글라스

재료

런던 드라이 진 40㎖
오렌지 큐라소 15㎖
신선한 라임즙 15㎖
오렌지 비터스 1dash
앙고스투라 비터스 1dash

가니시

라임 웨지 1조각

만드는 방법

1 가니시를 제외한 모든 재료를 얼음과 함께 셰이커에 넣는다.
2 셰이킹한다.
3 스트레이너를 이용하여 잔에 따른다.
4 라임 웨지로 장식한다.

역사

영국의 식민지였던 버마(미얀마)의 국경에서 태어난 페구 클럽은 이국적인 향기를 발산하는 클래식 칵테일로, 같은 이름을 가진 클럽에서 이름을 따왔다. 페구 클럽이 탄생한 곳은 버마의 랑군(현재는 양곤)이다.
페구 클럽의 역사는 영국의 식민지 야심과 연결된다. 1852년 영국이 버마를 장악하고 20년이 흐른 뒤 랑군의 페구 클럽은 영국 장교들의 아지트가 되었고, 그들을 위해 강렬하고 상쾌하며 더운 날씨에 마시기 좋도록 신맛이 가미된 칵테일이 만들어졌다.
칵테일 페구 클럽은 금세 인기를 끌었고 버마를 넘어 해외로 진출하였는데, 첫 번째 기록은 1922년 해리 맥켈혼(Harry MacElhone)이 쓴 『ABC of Mixing Cocktails』에서 찾을 수 있다. 클럽은 영국이 버마를 떠나며 1940년대에 문을 닫았다.

여전히 존재하는 페구 클럽

전설적인 바텐더 오드리 손더스(Audrey Saunders)는 페구 클럽이라는 이름이 이어지는 데 큰 역할을 했다. 2005년 맨해튼에서 같은 이름의 칵테일 바를 열고, 오리지널 레시피를 조금 수정하여 이 클래식 칵테일을 부활시킨 것이다. 맨해튼의 페구 클럽은 아쉽게도 2018년에 문을 닫았다.

김렛(Gimlet)

예전에는 치료용 물약이었던 김렛은 영국 선원들의 비타민 결핍을 치료하기 위해 만들어졌지만, 세련된 칵테일 애호가들을 기쁘게 하며 세계적인 성공을 거두었다.

도구 셰이커 • **얼음 형태** 큐브 • **잔** 마티니 글라스

재료

런던 드라이 진 50㎖
라임즙 25㎖
심플시럽 20㎖

가니시

신선한 라임 슬라이스 1조각

만드는 방법

1 가니시를 제외한 모든 재료를 얼음과 함께 셰이커에 넣는다.
2 강하게 셰이킹한다.
3 스트레이너를 이용하여 잔에 따른다.
4 라임으로 장식한다.

역사

19세기에는 괴혈병을 예방하는 감귤류 주스를 특히 좋아했던 영국군 장교들이 김렛을 마셨다. 김렛이라는 이름은 그들 중 한 명인 토마스 데스먼드 김렛(Thomas Desmond Gimlette)이 자신의 이름을 따서 붙인 것이다. 해군 군의관이었던 그는 장교들을 치료하기 위해 진을 처방했는데, 쓴맛을 감추기 위해 라임을 함께 넣어주었다. 당시 영국 해군은 럼을 배급받고 있었으며, 이미 섞어서 마시는 방식에 익숙했다. 이 「약」의 소비량이 매우 많아서, 영국 해군들을 「라이미(작은 라임)」라고 부르기도 하였다.
김렛의 성공에 중요한 역할을 한 제품이 있는데, 바로 로즈사의 라임 코디얼(Rose's Lime Cordial)이다. 스코틀랜드 기업가 로클란 로즈(Lauchlan Rose)가 1867년에 처음 생산한 제품인데, 과일주스의 운송과 소비 방식에 혁명을 일으켰다. 로즈는 이 과정에 대한 특허를 취득했고, 이후 모든 영국 선박들은 라임주스를 배에 싣고 선원들에게 매일 배급해야 한다는 법안이 통과되었다.

『사보이 칵테일 북(1930)』 레시피
영국 런던 사보이 호텔의 바에서 발행한 『사보이 칵테일 북(The Savoy Cocktail Book)』에 실린 오리지널 김렛 레시피(플리머스 진과 라임즙 코디얼을 반씩 섞는다)에서는 코디얼을 사용하는데, 코디얼은 국내에서 구하기도 어렵고 직접 만들기도 힘들다. 오리지널 레시피와는 다르지만, 가정에서는 위의 레시피처럼 변형된 레시피로 만드는 것이 더 쉽다.

라스트 워드(Last Word)

샤르트뢰즈(Chartreuse)를 향한,
현대 바텐더들의 열정으로 새로운 전성기를 맞이한 칵테일.

도구 셰이커 • **얼음 형태** 큐브 • **잔** 마티니 글라스

재료

진 45㎖
마라스키노 리큐어 15㎖
그린 샤르트뢰즈 15㎖
라임즙 15㎖

만드는 방법

1 모든 재료를 얼음과 함께 셰이커에 넣는다.
2 강하게 셰이킹한다.
3 스트레이너를 이용하여 잔에 따른다.

역사

라스트 워드 칵테일은 1920년대 초 금주법 시대에 디트로이트 애슬레틱 클럽(Detroit Athletic Club)이라는 바에서 탄생했다. 그 뒤로 수십 년 동안 미국의 바와 클럽에서 살아남았으며, 1951년 테드 소시에(Ted Saucier)가 쓴 『바텀스 업(Bottoms Up)』이라는 책에 등장하기도 했지만 잊혀진다.
그 후 라스트 워드는 2005년 시애틀 지그재그 카페(Zig Zag Café)의 머레이 스텐슨(Murray Stenson) 덕분에 다시 부활하였고, 뉴욕까지 퍼져 나갔다.
바텐더들이 좋아하는 그린 샤르트뢰즈를 사용한 것도 성공에 영향을 미쳤다. 샤르트르회 수도사들이 130가지 허브를 사용하여 만드는 샤르트뢰즈는, 강한 약효와 향으로 금주법 시대에 사용되던 싸구려 진의 맛과 향을 감추는 역할을 했다.

라스트 워드의 오리지널 레시피
진 30㎖
라임즙 30㎖
그린 샤르트뢰즈 30㎖
마라스키노 리큐어 30㎖

셰이커에 재료와 얼음을 넣고 셰이킹한다. 스트레이너를 이용하여 잔에 따른다.

* 『The Essential Bartender's Guide』(Robert Hess, Mud Puddle Books, 2008)에서 발췌

싱가포르 슬링(Singapore Sling)

싱가포르에서 여성이 술을 마실 수 없던 시절,
한 바텐더가 기발한 아이디어로 싱가포르 슬링을 탄생시켰다.

도구 셰이커 • **얼음 형태** 큐브 • **잔** 허리케인 글라스

재료

진 35㎖
파인애플주스 120㎖
체리 브랜디 15㎖
라임즙 15㎖
베네딕틴 돔 10㎖
쿠앵트로 10㎖
그레나딘 10㎖
앙고스투라 비터스 1dash
탄산수 잔을 채울 만큼

가니시

신선한 과일 적당량

만드는 방법

1 탄산수와 가니시를 제외한 모든 재료를 얼음과 함께 셰이커에 넣는다.
2 셰이킹한다.
3 스트레이너를 이용하여 허리케인 글라스에 따르고, 탄산수를 채운다.
4 신선한 과일로 장식한다.

역사

싱가포르 슬링은 20세기 초 싱가포르가 영국의 식민지였던 시기에 세워진 래플스 호텔(Raffles Hotel)에서, 응이암 통 분(Ngiam Tong Boon)이라는 바텐더가 만든 칵테일이다.
당시 래플스는 세련된 실내 장식과 열대 정원 및 이국적인 분위기로 부유층과 유명인들의 휴가지로 인기가 많았다. 래플스의 고객들은 여성을 대상으로 한 싱가포르 슬링을 무척 좋아했는데, 당시 남성들은 자유롭게 진을 마실 수 있었지만, 여성들은 공공장소에서 술을 마시는 것이 금지되어 과일주스나 차를 마실 수밖에 없었기 때문이다. 이에 젊은 바텐더 응이암이 여성들이 조용히 술을 즐길 수 있도록 과일주스를 닮은 싱가포르 슬링 칵테일을 만든 것이다.
1930년대에는 오리지널 레시피가 분실되어 싱가포르 슬링의 원래 재료에 대한 논란이 일기도 하였다.
전설적인 싱가포르 슬링은 유명인들 사이에서도 팬이 많으며, 찰스 베이커가 1939년에 쓴 『신사의 동반자(The Gentleman's Companion)』에서는 싱가포르 슬링을 "맛있고, 서서히 은밀하게 작용하는 칵테일"이라고 묘사하였다.

에이비에이션(Aviation)

에이비에이션 칵테일은 비행기를 타지 않아도
하늘을 나는 것처럼 당신을 행복하게 해줄 것이다.

도구 셰이커 • **얼음 형태** 큐브 • **잔** 마티니 글라스

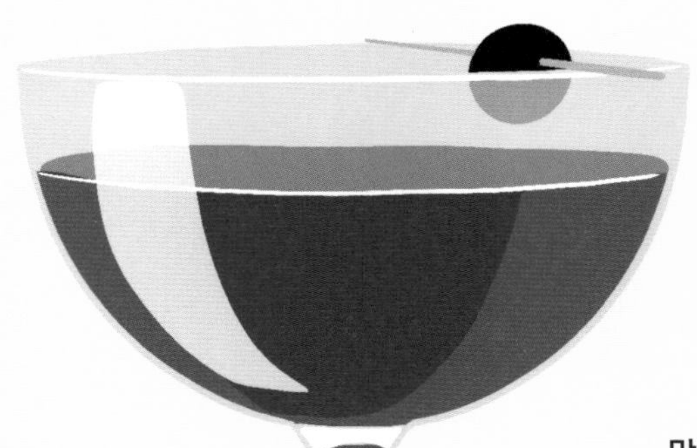

재료

진 50㎖
마라스키노 리큐어 15㎖
바이올렛 리큐어 15㎖
신선한 레몬즙 15㎖

가니시

체리 1개 또는 레몬 제스트 1조각

만드는 방법

1 얼음을 채운 셰이커에 가니시를 제외한 재료를 모두 넣는다.
2 셰이킹한다.
3 차갑게 식혀둔 잔에 붓는다.
4 체리 또는 레몬 제스트로 장식한다.

역사

에이비에이션 칵테일의 오리지널 버전은 1916년 휴고 R. 엔슬린(Hugo R. Ensslin)의 『혼합음료를 위한 레시피(Recipes for Mixed Drinks)』라는 책을 통해 처음 소개되었다.
1930년에는 해리 크래독(Harry Craddock)이 『사보이 칵테일 북(Savoy Cocktail Book)』에 에이비에이션의 레시피를 실었는데, 그의 레시피는 조금 다른 형태로 바이올렛 리큐어(Crème de Violette)가 빠져 있었다. 바이올렛 리큐어를 구하기 어려웠기 때문으로 추측된다. 이후 에이비에이션은 필수 재료인 바이올렛 리큐어가 빠진 상태로 40년 동안 이어져 왔다.
2007년이 되어서야 미국 시장에 바이올렛 리큐어가 다시 등장했고, 지금은 에이비에이션에 바이올렛 리큐어를 넣느냐 마느냐를 두고 격렬한 논쟁이 벌어지고 있다. 바이올렛 리큐어는 이 칵테일 특유의 옅은 푸른 하늘 같은 색을 내는 역할을 한다.

『사보이 칵테일 북』의 역사적인 레시피
드라이 진 50㎖
마라스키노 리큐어 20㎖
레몬즙 15㎖

PRO TIP
에이비에이션은 차갑게 즐겨야 하므로 잔을 반드시 냉장고에 보관해야 한다. 또한 오싹할 정도로 차가운 첫 모금을 완벽하게 즐기기 위해, 셰이커를 사용하여 만드는 것이 좋다.

라모스 진 피즈(Ramos Gin Fizz)

라모스 진 피즈는 마시는 사람에게는 더할 나위 없는 즐거움을 주지만, 특유의 거품을 만들기 위해서는 물리적인 힘이 필요하기 때문에, 바텐더에게는 종종 악몽 같은 칵테일이 되기도 한다.

도구 셰이커 · **얼음 형태** 큐브 · **잔** 콜린스 글라스

재료

진 50㎖
레몬즙 10㎖
라임즙 10㎖
설탕시럽 15㎖
오렌지 플라워 워터 5㎖
바닐라 에센스 3dash
달걀흰자 20㎖
생크림 20㎖
탄산수 50㎖

가니시

오렌지 제스트 1줄

만드는 방법

1 얼음을 넣지 않은 셰이커에 탄산수와 가니시를 제외한 모든 재료를 넣는다.
2 강하게 셰이킹한다(이 과정이 중요하다).
3 셰이커를 열고 얼음을 넣은 뒤, 3분 이상 격렬하게 셰이킹한다.
4 스트레이너를 이용하여 차갑게 식혀둔 잔에 붓고, 차가운 탄산수를 조심스럽게 채운다.
5 오렌지 제스트로 장식한다.

역사

라모스 진 피즈는 칵테일 애호가가 아닌, 바의 소유주였던 헨리 C. 라모스(Henry C. Ramos)가 개발한 칵테일이다. 칼 라모스라는 이름으로도 알려진 그는 맥주 바에서 경험을 쌓은 뒤, 형제와 함께 뉴올리언스의 매장에 투자하기로 결정하였다. 1887년 임페리얼 캐비닛(Imperial Cabinet)이라는 바를 매입한 그는, 매우 엄격하게 바를 관리하였다. 매일 저녁 8시가 되면 문을 닫아서 한밤중까지 술판이 이어지는 것을 막았고, 일요일 오후에는 2시간만 문을 열었다. 임페리얼 캐비닛은 절주와 도덕성에 대한 엄격한 기준을 따랐고, 라모스는 손님들과 이야기를 나누며 지나치게 취한 사람이 없는지 살폈다. 1928년 〈뉴올리언스 아이템 트리뷴〉은 다음과 같이 썼다. “Nobody could get drunk at the Ramos bar(라모스의 바에서는 아무도 취할 수 없다)”.

원래 「뉴올리언스 피즈」라고 불렸던 이 칵테일은 빠르게 성공을 거두었고, 임페리얼 캐비닛은 반드시 가봐야 할 명소가 되었다. 라모스의 오리지널 레시피에는 칵테일을 12분 동안 셰이킹한 다음 서빙하라고 적혀 있는데, 이 작업을 위해 바 뒤에서 근무하는 바텐더의 수가 20명이나 되었으며, 이 바텐더들을 「셰이커 보이즈(Shaker Boys)」라고 불렀다고 한다. 라모스는 자신의 칵테일 레시피를 죽음이 가까워질 때까지 밝히지 않았는데, 1928년 사망하기 며칠 전 〈뉴올리언스 아이템 트리뷴〉에 레시피를 공개하였다.
크랭크 시스템을 갖춘 셰이킹 머신이 개발되면서, 그의 레시피는 뉴올리언스의 표준 제조법으로 자리잡았다.

톰 콜린스(Tom Collins)

1874년 뉴욕에서 유행한 짓궂은 장난에서 유래된 이름을 가진 톰 콜린스는,
가장 상징적인 진 칵테일 중 하나가 되었다.

도구 잔으로 직접 • **얼음 형태** 큐브 • **잔** 콜린스 글라스

재료

진 50㎖
신선한 레몬즙 20㎖
설탕시럽 15㎖
탄산수 잔을 채울 만큼

가니시

오렌지 슬라이스 1조각

만드는 방법

1 진, 레몬즙, 설탕시럽을 얼음과 함께 콜린스 글라스에 넣는다.
2 잘 저은 다음 탄산수를 채운다.
3 오렌지 슬라이스로 장식한다.

역사

톰 콜린스 칵테일의 역사는 뉴욕 전체에 퍼졌던 짓궂은 장난과 관계가 있다. 톰 콜린스는 시끄러운 사람으로, 선술집에 앉아 사람들의 험담을 하는 것으로 유명했다. 험담의 희생자가 된 사람들은 콜린스와 대면하기 위해 그를 찾아 나섰지만, 콜린스가 있다는 술집을 찾아가도 그를 만날 수 없었다. 처음부터 톰 콜린스는 존재하지 않았기 때문이다.

복수를 위해 그를 찾던 사람들이 바텐더에게 톰 콜린스는 어디로 갔냐고 물으면, 대답 대신 칵테일을 한 잔 받았다고 한다. 이 짓궂은 소동은 「1874년 위대한 톰 콜린스의 장난」이라는 이름으로 알려졌고, 2년 뒤 제리 토마스(Jerry Thomas)가 쓴 책에 그 이름을 딴 새로운 칵테일이 소개되었다.

PRO TIP

오리지널에 가까운 톰 콜린스를 만들기 위해서는 올드 톰 진을 사용한다. 이 경우 진 자체의 단맛이 전체적인 균형을 잡아주기 때문에, 시럽의 양은 1/2로 줄인다.

톰 콜린스 오리지널 레시피

검시럽 5~6dash / 레몬즙 작은 것 1개 분량
진 큰 와인잔으로 1잔 / 얼음 2~3개

* 『바텐더 가이드(The Bartender's Guide)』 (제리 토마스, 1876)에서 발췌

베스퍼(Vesper)

깊은 쿠프 샴페인 잔에 서빙되는 제임스 본드의 베스퍼. 그는 이렇게 주문한다.
"고든스 셋, 보드카 하나, 키나 릴레 반. 전부 얼음처럼 차가워질 때까지 셰이킹해서
크고 얇은 레몬 제스트를 올려주시오."

도구 믹싱 글라스 • **얼음 형태** 큐브 • **잔** 마티니 글라스

재료

진 90㎖
보드카 30㎖
릴레 블랑(Lillet blanc) 15㎖

가니시

레몬 제스트 1조각

만드는 방법

1. 가니시를 제외한 모든 재료를 얼음과 함께 믹싱 글라스에 넣는다.
2. 완전히 차가워질 때까지 바 스푼으로 저어준다.
3. 스트레이너를 이용하여 차갑게 식혀둔 잔에 따른다.
4. 칵테일 위에 레몬 제스트 오일을 조금 짜서 뿌리고, 잔 가장자리에 제스트를 문지른 다음, 잔 위에 걸쳐서 장식한다.

역사

소설을 통해 칵테일이 유명해지기도 하지만, 007시리즈의 원작자 이안 플레밍(Ian Fleming)은 영화를 통해 자신의 칵테일을 유명하게 만들었다. 베스퍼 마티니라는 이름으로도 알려져 있는 베스퍼는 이안 플레밍이 만든 칵테일로, 〈007 카지노 로얄〉에 나오는 가상의 이중 요원 베스퍼 린드의 이름을 땄다.
영화에서 본드는 베스퍼를 주문할 때 바텐더에게 자신의 지시를 그대로 정확하게 따라서 만들 것을 요구한다. "고든스 셋, 보드카 하나, 키나 릴레 반. 전부 얼음처럼 차가워질 때까지 셰이킹해서 크고 얇은 레몬 제스트를 올려주시오. 이해했소?" 플레밍은 매우 뛰어난 작가이지만, 뛰어난 바텐더는 아닌 것이 분명하다. 베스퍼를 만들 때 셰이커를 사용하여 흔들면, 위쪽의 깨진 얼음 조각으로 인해 칵테일이 지나치게 희석될 수 있다. 따라서 (본드에게는 미안한 일이지만), 믹싱 글라스를 사용하는 편이 더 우아하고 제임스 본드와 잘 어울리는 베스퍼를 만들 수 있다.
레몬 제스트를 올리브로 바꾸고 싶다면, 숫자에 주의하자. 미신이지만 마티니에 올리브를 2개 넣고 마시면 불행한 일이 생긴다고 한다. 만약을 위해 1개 또는 3개를 넣는 것이 어떨까?

깁슨(Gibson)

마티니는 끝없는 변주가 가능한 칵테일이다. 그중에는 50/50이나 더티 마티니처럼 국제적으로 인정받는 칵테일도 있다. 그러나 가장 훌륭하면서 동시에 가장 만들기 쉬운 것은 바로 깁슨이다. 진, 드라이 베르무트와 펄 어니언 절임을 사용한다. 단, 펄 어니언이 장식 역할과 동시에 이 클래식한 칵테일에 감칠맛을 더하는 경우에만 깁슨이라고 부를 수 있다.

도구 믹싱 글라스 • **얼음 형태** 큐브 • **잔** 마티니 글라스

재료

진 60㎖
드라이 베르무트 10㎖

가니시

펄 어니언 절임 2알

만드는 방법

1. 진과 드라이 베르무트를 얼음과 함께 믹싱 글라스에 넣는다.
2. 바 스푼으로 젓는다.
3. 스트레이너를 이용하여 잔에 따른다.
4. 펄 어니언을 올린다.

역사

깁슨의 유래는 확실하지 않지만, 19세기 말 샌프란시스코의 사업가 월터 D.K. 깁슨(Walter D.K. Gibson)이 보헤미안 클럽(Bohemian Club)에서 만든 것으로 추정된다. 깁슨은 1908년 윌리엄 부스비(William Boothby)가 쓴 『세계의 음료와 혼합 방법(The World's Drinks and How to Mix Them)』에 처음 소개되었다. 당시 깁슨이 마티니와 달랐던 것은, 저자가 (마티니 레시피에 있는) 비터스 2dash를 고의로 누락시켰기 때문이다. 펄 어니언이 추가된 것은 그로부터 몇 년이 지난 후이다.

마티니와 깁슨의 차이는?

깁슨과 진 마티니의 차이는 가니시에 있다. 두 칵테일 모두 진과 드라이 베르무트로 만들지만, 마티니의 올리브나 레몬 대신 깁슨에는 칵테일용 펄 어니언을 사용한다. 이것이 차이를 만드는데, 믿을 수 없다면 직접 시도해보기 바란다.

PRO TIP
흔히 보는 깁슨이 아니라 특별한 맞춤형 깁슨을 만들고 싶다면, 직접 펄 어니언을 마리네이드해보자. 식초, 설탕, 향신료를 섞은 절임액에 펄 어니언을 1줌 정도 넣고 절이거나 가열하여 익히면 된다. 이렇게 하면 독특하고 복합적인 풍미를 더할 수 있고, 병에 든 시판 양파 절임보다 훨씬 고급스러운 느낌을 낼 수 있다.

프렌치 75(French 75)

대중적인 진과 고급스러운 샴페인이 만나면
파티 음료로 더할 나위 없는, 우아하고 기품있는 칵테일이 탄생한다.

도구 셰이커 • **얼음 형태** 큐브 • **잔** 샴페인용 플루트 글라스

재료

진 30㎖
신선한 레몬즙 15㎖
설탕시럽 10㎖
샴페인 100㎖

가니시

레몬 제스트 1조각
또는 로즈메리 1줄기

만드는 방법

1 샴페인과 가니시를 제외한 모든 재료를 얼음과 함께 셰이커에 넣는다.
2 셰이킹한다.
3 스트레이너를 이용하여 잔에 따른다.
4 샴페인을 채운다.
5 레몬 제스트 또는 로즈메리 줄기로 장식한다.

역사

프렌치 75의 레시피 중 처음 알려진 것은 해리 크래독의 『사보이 칵테일 북(1930)』에 수록된 것이지만, 실제 역사는 더 복잡하다.
스코틀랜드인 해리 맥켈혼(Harry MacElhone, 파리에 있는 「Harry's New York Bar」의 소유주)은 1926년 세계 1차 대전 당시 프랑스와 영국군이 사용했던 75㎜ 곡사포의 이름을 따서 이 칵테일의 이름을 지었다. 프렌치 75는 정확성과 속도로 유명한 대포였다. 당시 프렌치 75를 마셨던 사람들은 "칵테일 프렌치 75는 너무나 강력해서 마치 대포를 맞은 것 같은 느낌을 준다"라고 말하기도 했다. 그러나 프렌치 75의 역사는 1920년대 이전까지 거슬러 올라간다.
영국의 소설가 찰스 디킨스(Charles Dickens)가 손님들에게 진과 샴페인을 섞은 음료를 대접하였고, 19세기 웨일스의 왕자 같은 귀족 신사들이 이 조합의 음료를 즐겼다는 이야기도 있다. 프렌치 75는 1942년에 나온 유명한 영화 카사블랑카에도 등장한다.

PRO TIP

프렌치 75를 만들 때 프로세코(Prosecco, 이탈리아산 포도주의 일종)를 사용하는 경우가 점점 늘고 있다. 샴페인을 사용할 때는 거품의 크리미한 질감을 살리기 위해 설탕시럽의 양을 조금 줄이고, 프로세코를 사용할 때는 산미가 있으므로 레몬즙의 양을 줄이는 것이 좋다. 허브를 우려낸 설탕시럽으로 개성 있는 프렌치 75를 만들 수도 있다.

브램블(Bramble)

약 40년 전에 개발된 브램블은 빠르게 클래식한 칵테일로 자리를 잡았다.
오묘한 색깔 때문일까, 아니면 영어로 「블랙베리 덤불」을 뜻하는 이름 때문일까?

도구 셰이커 • **얼음 형태** 큐브+크러시드 • **잔** 올드 패션드 글라스

재료

진 50㎖
신선한 레몬즙 25㎖
설탕시럽 10㎖
블랙베리 리큐어(Crème de Mûre) 15㎖

가니시

신선한 블랙베리 적당량

만드는 방법

1 셰이커에 진, 신선한 레몬즙, 설탕시럽을 넣는다.
2 셰이킹한다.
3 스트레이너를 이용하여, 바닥에는 큐브 얼음을 넣고 위에는 잘게 부순 얼음을 채운 잔에 붓는다.
4 그 위로 블랙베리 리큐어를 흘려 넣는다.
5 신선한 블랙베리를 올린다.

역사

수십 년의 세월이 지나서 만든 사람의 흔적을 찾을 수 없는 클래식 칵테일들과 달리, 현대에 만들어진 브램블은 그 역사를 추적할 수 있다. 브램블을 만든 딕 브래드셀(Dick Bradsell)은 1980년대에 프레즈 클럽 소호(Fred's Club Soho)에 머물면서 「칵테일의 왕」으로 불리던 인물이다.
브램블은 제리 토마스(Jerry Thomas)의 진 픽스(Gin Fix)와 비교되곤 하는데, 진 픽스는 블랙베리 리큐어를 라즈베리 시럽으로 대체한 것이다.
브램블이라는 이름은 잔 위에서 아래로 리큐어가 구불구불 퍼져나가는 모습이 블랙베리 덤불 모양을 닮았다고 해서 붙여진 이름이다.

PRO TIP
브램블에는 여러 가지 변형된 형태가 있다. 블랙 베리 리큐어 대신 블랙 커런트 리큐어를 사용하기도 하고, 허브 향을 내기 위해 로즈메리 가지를 사용하기도 한다. 겨울에는 라즈베리 리큐어를 쓰거나 시나몬향을 우려낸 데메라라(Demerara) 설탕시럽을 사용하기도 한다. 크러시드 아이스(잘게 부순 얼음)도 큰 영향을 주는데, 보기에 좋을 뿐 아니라 작은 얼음이 녹아서 희석되며 풍미가 천천히 나타난다.

마르티네즈(Martinez)

마르티네즈는 「클래식」이라는 배지를 자랑스럽게 달고 있는 칵테일 중에서도
오래된 칵테일 중 하나로, 「마티니의 아버지」라는 별명도 갖고 있다.

도구 믹싱 글라스 • **얼음 형태** 큐브 • **잔** 마티니 글라스

재료

진 40㎖
스위트 베르무트 20㎖
드라이 베르무트 10㎖
마라스키노 리큐어 5㎖
보커스 비터스(Boker's Bitters) 1dash

가니시

오렌지 제스트 트위스트 1조각

만드는 방법

1 얼음을 1/2 정도 채운 믹싱 글라스에 가니시를 제외한 모든 재료를 넣는다.
2 바 스푼으로 젓는다.
3 스트레이너를 이용하여 차갑게 식혀둔 잔에 따른다.
4 오렌지 제스트 트위스트로 장식한다.

역사

마르티네즈가 마티니의 탄생에 매우 큰 영향을 미쳤음에도 불구하고, 그 기원과 레시피는 분명하지 않다. 1860년대에 만들어진 마르티네즈는 1884년 O.H. 바이런(Byron)이 쓴 『더 모던 바텐더즈 가이드(The Modern Bartender's Guide)』에서 처음 언급되었다. 책에 수록된 레시피에는 「맨해튼과 같다. 단, 위스키를 진으로 대체하여 만든다」라고 되어 있다. 그러나 문제는 이 책에 나온 맨해튼의 레시피가 드라이와 스위트 2종류이고, 마르티네즈에 어느 쪽을 사용해야 하는지에 대해서는 언급이 없다는 점이다. 초기에는 「스위트」 레시피를 많이 사용했고, 이후 1920년경부터 「드라이」 버전을 사용하기 시작했다. 『사보이 칵테일 북』 버전에서 드라이 프렌치 베르무트 사용을 명시하며 이 스타일이 자리를 잡았다.
마르티네즈를 만든 사람은 누구일까? 여기에 대해서도 의견이 나뉜다. 제리 토마스가 바텐더로 근무했던 샌프란시스코의 옥시덴탈 호텔(Occidental Hotel)에서 탄생했다는 이야기도 있다.

PRO TIP
달콤한 풍미와 진한 아로마를 원한다면 올드 톰 진을 사용할 수 있다. 정통 마르티네즈를 만들고 싶다면 다음의 레시피를 따라해 보자.

올드 스쿨 레시피
예네버르 50㎖ / 스위트 베르무트 30㎖ / 드라이 베르무트 10㎖
오렌지 큐라소 리큐어 8㎖ / 앙고스투라 비터스 1dash /
장식용 레몬 제스트 1조각

얼음을 절반 정도 채운 셰이커에 모든 재료를 넣는다. 셰이킹한다.
스트레이너를 이용하여 차갑게 식혀둔 잔에 따른다.
레몬 제스트로 장식한다.
〈O.H. 바이런의 오리지널 레시피〉

진 베이스 칵테일 18가지

블랙베리 마티니(Blackberry Martini)

셰이커 / 마티니 글라스

신선한 블랙베리 3개
(셰이커에 넣고 으깬다)
진 60㎖
화이트 베르무트 20㎖
2:1 설탕시럽 5㎖

진 바질 스매시(Gin Basil Smash)

셰이커 / 올드 패션드 글라스

바질 잎 12장
(셰이커에 넣고 으깬다)
진 60㎖
레몬즙 22㎖
2:1 설탕시럽 10㎖

진 메스칼 사워(Gin Mezcal Sour)

셰이커 / 올드 패션드 글라스

진 45㎖
파인애플주스 45㎖
트리플 섹 7㎖
메스칼 7㎖
라임즙 10㎖

디플로매트 사워(Diplomat Sour)

셰이커 / 마티니 글라스

진 45㎖
이탈리안 비터 리큐어 22㎖
레몬즙 15㎖
2:1 설탕시럽 15㎖
달걀흰자 1개 분량
오렌지 비터스 1dash

진 스파이더 하이볼
(Gin Spider Highball)

잔으로 직접 / 하이볼 글라스

진 45㎖
앙고스투라 비터스 1dash
진저비어 75㎖

셀러리 진 사워(Celery Gin Sour)

셰이커 / 올드 패션드 글라스

진 50㎖
제네피(Génépi) 10㎖
라임즙 25㎖
셀러리 시럽 15㎖
달걀흰자 1개 분량
셀러리 비터스 1dash

엘더플라워 진 피즈
(Elderflower Gin Fizz)

셰이커 / 하이볼 글라스

진 60㎖
엘더플라워 리큐어 30㎖
레몬즙 20㎖
탄산수 30㎖

진 데이지(Gin Daisy)

셰이커 / 마티니 글라스

진 60㎖
옐로 샤르트뢰즈 7㎖
레몬즙 7㎖
그레나딘 시럽 7㎖

진 가든(Gin Garden)

셰이커 / 마티니 글라스

오이 3조각
(셰이커에 넣고 으깬다)
진 60㎖
엘더베리 리큐어 30㎖
사과주스 30㎖

진 리키(Gin Rickey)

셰이커 / 하이볼 글라스

진 45mℓ
라임즙 15mℓ
2:1 설탕시럽 10mℓ
탄산수 15mℓ

진저티니(Gingertini)

셰이커 / 마티니 글라스

진 60mℓ
생강 리큐어 15mℓ
엑스트라 드라이 베르무트 7mℓ
2:1 설탕시럽 7mℓ

핫 진 토디(Hot Gin Toddy)

잔으로 직접 / 찻잔

올드 톰 진 60mℓ
2:1 설탕시럽 7mℓ
차가운 물 30mℓ
끓는 물 90mℓ

칠리 앤 라임 진(Chili and Lime Gin)

셰이커 / 하이볼 글라스

진 50mℓ
라임즙 10mℓ
우스터셔 소스 6dash
타바스코 소스 3dash
토마토주스 잔을 채울 만큼
셀러리 소금 적당량
후추 적당량

로제트 네그로니(Roseate Negroni)

믹싱 글라스 / 마티니 글라스

진 30mℓ
코키 아메리카노 로사 30mℓ
앙고스투라 오렌지 비터스 3dash
프로세코 60mℓ

더 홀랜드 하우스
(The Holland House)

셰이커 / 마티니 글라스

진 50mℓ
엑스트라 드라이 베르무트 25mℓ
마라스키노 리큐어 5mℓ
레몬즙 7.5mℓ
자몽즙 15mℓ
2:1 설탕시럽 2.5mℓ

프렌치 75(French 75)

잔으로 직접 / 플루트 글라스

진 35mℓ
레몬즙 20mℓ
설탕시럽 10mℓ
샴페인 잔을 채울 만큼

스트로베리 스매시 스프리츠
(Strawberry Smash Spritz)

잔으로 직접 / 큰 와인잔

진 50mℓ
레몬즙 25mℓ
탄산수 50mℓ
프로세코 잔을 채울 만큼
장식용 딸기 2개

얼 그레이 콜린스(Earl Grey Collins)

잔으로 직접 / 하이볼 글라스

진 50mℓ
레몬즙 25mℓ
얼 그레이와 꿀 시럽 25mℓ
소금 1꼬집
차가운 탄산수 50mℓ

슬로 진 베이스 칵테일 9가지

슬로 네그로니(Sloe Negroni)

잔으로 직접 / 올드 패션드 글라스

슬로 진 15mℓ
캄파리 15mℓ
스위트 베르무트 15mℓ

슬로 로열(Slow Royale)

잔으로 직접 / 플루트 글라스

슬로 진 15mℓ
샴페인 100mℓ

테이크 잇 슬로(Take It Slow)

믹싱 글라스 / 마티니 글라스

슬로 진 60mℓ
엑스트라 드라이 베르무트 8mℓ
오렌지 비터스 1dash

로즈메리 & 리몬첼로 슬로 진 스파클러(Romarin & Limoncello Sloe Gin Sparkler)

잔으로 직접 / 올드 패션드 글라스

슬로 진 50mℓ
리몬첼로 25mℓ
탄산수 잔을 채울 만큼
로즈메리 2줄기

슬로 진 지니(Sloe Gin Genie)

잔으로 직접 / 텀블러 글라스

심플시럽 15mℓ
슬로 진 30mℓ
진 30mℓ
레몬즙 30mℓ
민트잎 8장

슬로 진 콜린스 & 엘더베리(Sloe Gin Collins & Sureau)

잔으로 직접 / 콜린스 글라스

슬로 진 50mℓ
레몬즙 15mℓ
심플시럽 15mℓ
엘더플라워 토닉 75mℓ

슬로 진 피즈(Sloe Gin Fizz)

셰이커 / 텀블러 글라스

슬로 진 30mℓ
심플시럽 10mℓ
레몬즙 15mℓ
마무리용 프로세코 또는 샴페인 잔을 채울 만큼
달걀흰자 1개 분량(선택)

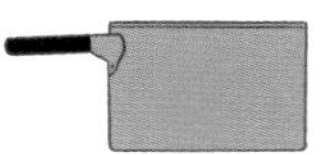

멀드 슬로 진 앤 애플(Mulled Sloe Gin and Apple)

냄비 / 머그잔

슬로 진 50mℓ
사과주스 150mℓ
갓 짜낸 오렌지즙 50~100mℓ
크랜베리 젤리 1ts(선택)
시나몬 스틱 1개

크랜베리 슬로 진 마티니(Cranberry Sloe Gin Martini)

셰이커 / 마티니 글라스

진 50mℓ
슬로 진 15mℓ
레몬즙 15mℓ
크랜베리 젤리 1ts
장식용 로즈메리 1줄기

핑크 진 베이스 칵테일 7가지

핑크 엔젤(Pink Angel)

셰이커 / 마티니 글라스

핑크 진 25㎖
트리플 섹 25㎖
크림(액상) 30㎖
로즈시럽 2dash

프렌치 키스(French Kiss)

잔으로 직접 / 마티니 글라스

핑크 진 25㎖
라즈베리 리큐어 15㎖
샴페인 잔을 채울 만큼

크랜베리 마티니(Cranberry Martini)

셰이커 / 마티니 글라스

핑크 진 50㎖
레몬즙 30㎖
트리플 섹 30㎖
크랜베리주스 50㎖

핑크 진 상그리아(Pink Gin Sangria)

피처 / 일반 유리잔

핑크 진 100㎖
블랙베리 리큐어 50㎖
레몬즙 100㎖
심플시럽 40㎖
크레망 로제 500㎖
신선한 라즈베리 16개

로즈 캄파리 진 블러시
(Rose Campari Gin Blush)

셰이커 / 마티니 글라스

핑크 진 40㎖
캄파리 5㎖
레몬즙 20㎖
심플시럽 15㎖
달걀흰자 1개 분량
로즈 워터 1dash

스트로베리 마티니
(Strawberry Martini)

셰이커 / 마티니 글라스

딸기 5개(셰이커에 넣고 으깬다)
핑크진 30㎖
스위트 베르무트 30㎖
드라이 베르무트 30㎖
마라스키노 리큐어 15㎖

핑크 진 하일랜드(Pink Gin Highland)

셰이커 / 올드 패션드 글라스

핑크 진 50㎖
프로세코 100㎖
심플시럽 10㎖
라즈베리 1개(셰이커에 넣고 으깬다)
민트 몇 줄(셰이커에 넣고 으깬다)

진은 어렵지 않아

CHAPTER 7 : 세계의 진

세계의 진

TOUR DU MONDE

진을 한 병, 또는 여러 병 구입했다면, 그리고 이미 맛도 보았다면? 이제는 그 진이 어디에서 왔는지 알아볼 차례이다. 왜냐하면 우리는 런던 드라이 진이 전 세계 어디서나 생산될 수 있다는 것을 알고 있고, 진병에 붙은 라벨만으로는 많은 것을 알 수 없기 때문이다.

CHAPTER 7 : 세계의 진

진은 어렵지 않아

영국

모든 것이 시작된 곳이자 진에 대한 열망이 끊임없이 이어지고 있는,
영국에서 우리의 여행을 시작해보자.

위스키, 그리고 진의 땅 스코틀랜드

스코틀랜드라고 하면 위스키를 떠올리기 쉽지만, 스코틀랜드는 진의 땅이기도 하다. 114개 이상의 진 증류소가 있는데, 위스키를 함께 생산하는 증류소도 있지만 오로지 진만 생산하는 증류소도 있다.

증류소 재정을 해결하는 진

위스키를 만드는 데는 많은 비용이 든다. 처음 위스키를 제조한 시점부터 3년을 기다려야, 병입과 판매가 가능하기 때문이다. 따라서 재정적인 문제를 해결하기 위해, 많은 신생 위스키 증류소들이 증류한 뒤 즉시 판매가 가능한 진을 생산한다.

진의 수도, 런던

24개의 증류소가 있는 런던은 영국의 수도이자 진의 수도이기도 하다. 런던에서는 가장 희귀한 진부터 국제적으로 유명한 브랜드(십스미스, 비피터 등)에 이르기까지 모든 카테고리의 진을 만날 수 있다.

꽃피는 진 산업

진 시장은 급속도로 성장하고 있다. 영국에서는 그 어느 때보다 많은 증류소가 영업 중이고, 전 세계 판매량은 10억 리터에 육박하고 있으며, 현재 시장 규모는 94억 파운드에 달한다.

여전히 영업 중인 가장 오래된 증류소

영국에서 영업 중인 가장 오래된 진 증류소는 블랙 프라이어스 디스틸러리(Black Friars Distillery)로, 1793년부터 플리머스 진을 생산해 왔으며, 같은 이름의 역사적인 항구도시 한복판에 위치하고 있다.

스코틀랜드
아일 오브 해리스 디스틸러리
(Isle of Harris Distillery)
포터스 진(Porter's Gin)
탱커레이 - 고든(Tanqueray - Gordon)
에든버러 진 디스틸러리(Edinburgh Gin Distillery)
더 보타니스트 - 브룩라디
(The Botanist - Bruichladdich)
헨드릭스(Hendricks)
드럼샨보 건파우더
아이리시 진
(Drumshanbo
Gunpowder
Irish Gin)
더 레이크스 디스틸러리(The Lakes Distillery)
잉글랜드
코츠월드 디스틸러리 비지터 센터
(Cotswolds Distillery Visitor Centre)
체이스 디스틸러리
(Chase Distillery)
포르토벨로 로드 진
(Portobello Road Gin)
십스미스(Sipsmith)
시티 오브 런던
디스틸러리 & 바
(City of London
Distillery & Bar)
브레콘 진 펜더린
(Brecon Gin Penderyn)
비피터 진
디스틸러리 런던
(Beefeater Gin
Distillery London)
도즈 더 런던
디스틸러리 컴퍼니
(Dodd's The London
Distillery Company Ltd)
헤이먼스 진 디스틸러리
(Hayman's Gin Distillery)
아일랜드
웨일스
플리머스 진 디스틸러리
(Plymouth Gin Distillery)
봄베이 사파이어 디스틸러리
(Bombay Sapphire Distillery)
사일런트 풀 디스틸러스
(Silent Pool Distillers)

일본

일본은 적당히 할 생각으로 모험에 나선 것이 아니었다.
일본의 쇼추, 한국의 소주, 중국의 백주 등 화이트 스피릿의 강세로 진의 입지가 좁은 아시아 시장에서,
일본 진은 위스키 시장을 통해 빠르게 세계적인 수준으로 올라섰다.

긴 역사

진과 일본의 관계가 최근에 시작되었다고 생각할 수도 있다. 그러나 일본인들은 15세기 네덜란드 항해사들을 통해 진을 처음 접하였다. 이 시기부터 진을 생산하려는 시도는 있었지만, 공식적으로 최초의 일본 진이 증류기에서 생산된 것은 1936년의 일이다. 이름은 「에르메스(HERMES)」, 산토리에서 만들었다.

일본 진의 붐을 일으킨 증류소

2016년에 이르러서야 교토에서 일본 진의 붐이 일기 시작하였다. 신비로운 검정색 병, 손으로 직접 하는 병입, 지역 방향식물 활용, 전량 스몰 배치 방식, 그리고 쌀로 만든 중성 알코올(주정) 사용.
그렇게 만들어진 진의 이름은 바로 키노비(KI NO BI)이다. 오늘날 일본에는 30개가 넘는 진 증류소가 영업 중이다.

일본 스타일

일본에서 진의 법적인 정의를 찾으려 하지 말자. 그런 건 존재하지 않으니 말이다. 일본 진을 시음한 전문가들은 유자, 벚꽃, 일본 녹차, 초피 등과 같은 현지 식재료를 사용한 결과 나타나는, 매우 독특한 꽃과 감귤류의 향기를 「일본 스타일」로 보는 것에 동의하였다.

굴껍질로 향을 낸 진?

히로시마에 위치한 증류소에서 생산되는 「사쿠라오 리미티드 진(Sakurao Limited Gin)」에는 주니퍼베리, 벚꽃, 유자, 와사비 뿌리 등의 17가지 방향식물과 짭짤한 노트를 더해주는 굴껍질이 사용된다.

9148
니카 코페이 진
(Nikka Coffey Gin)
키노비(Ki No Bi)
로쿠(Roku)
이스트135(East 135)
코즈에 진(Kozue Gin)
와비 진(Wa Bi Gin)

유럽

유럽 남부에서 스칸디나비아 국경에 이르기까지,
유럽에는 테루아와 함께 「지역성」 개념을 결부시킨 현대적인 증류소들이 가득하다.

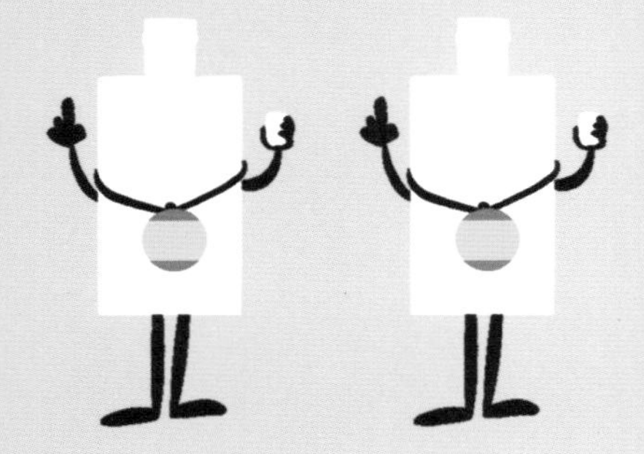

스페인: 놀라운 시장

스페인은 2017년 국민 1인당 1ℓ가 넘는 진 소비량(프랑스, 영국, 통일된 독일보다 앞서는 소비량이다)을 기록하며, 단 몇 년 만에 세계에서 가장 놀랍고 다양한 진 시장으로 떠올랐다. 게다가 시대에 뒤떨어진 진토닉의 재탄생을 이루어낸 곳도 바로 스페인으로, 이들은 진토닉을 재해석하여 현대적으로 탈바꿈시켰다.

프랑스: 테루아를 진에 적용하면!

프랑스는 증류기술 분야에서 오랜 전통을 자랑한다(코냑, 칼바도스, 아르마냑, 브랜디 등). 그러한 자국의 유산을 바탕으로, 프랑스는 진의 폭발적인 인기를 받아들였다. 일부 생산자들은 과감하게 포도나 사과를 베이스로 사용하여 다른 진들과 차별화를 꾀하기도 한다. 유럽 연합의 지리적 표시(GI)에 의해 보호되는 주니퍼베리로 만든 술을 여전히 생산하고 있는 프랑스 북부는 말할 것도 없다.

스칸디나비아 : 아쿠아비트에서 진까지!

진의 북유럽 사촌 정도 되는 아쿠아비트(캐러웨이나 딜로 풍미를 낸 증류주)를 만들어온 북유럽 국가들은, 진으로 관심을 돌려 전통적으로 요리에 사용해 온 지역 식물로 그들의 창의성을 보여주고 있다. 스칸디나비아 스타일의 진들은 일반적으로 매우 인기가 좋은 편이다.

지리적 표시 〈마온 진(Mahón Gin)〉

현재 스페인에서 진이 인기를 끌고 있기도 하지만, 진의 역사 또한 스페인의 메노르카(Menorca) 섬과 관계가 깊다. 소리게르(Xoriguer) 증류소는 18세기 초에 만들어진 레시피를 기반으로, 250년 이상 된 구리 증류기와 장인의 방식으로 아마도 지중해에서 가장 오래된 진을 생산하고 있다. 이러한 특수성을 바탕으로 「마온 진」이라는 지리적 표시를 사용하게 되었다.

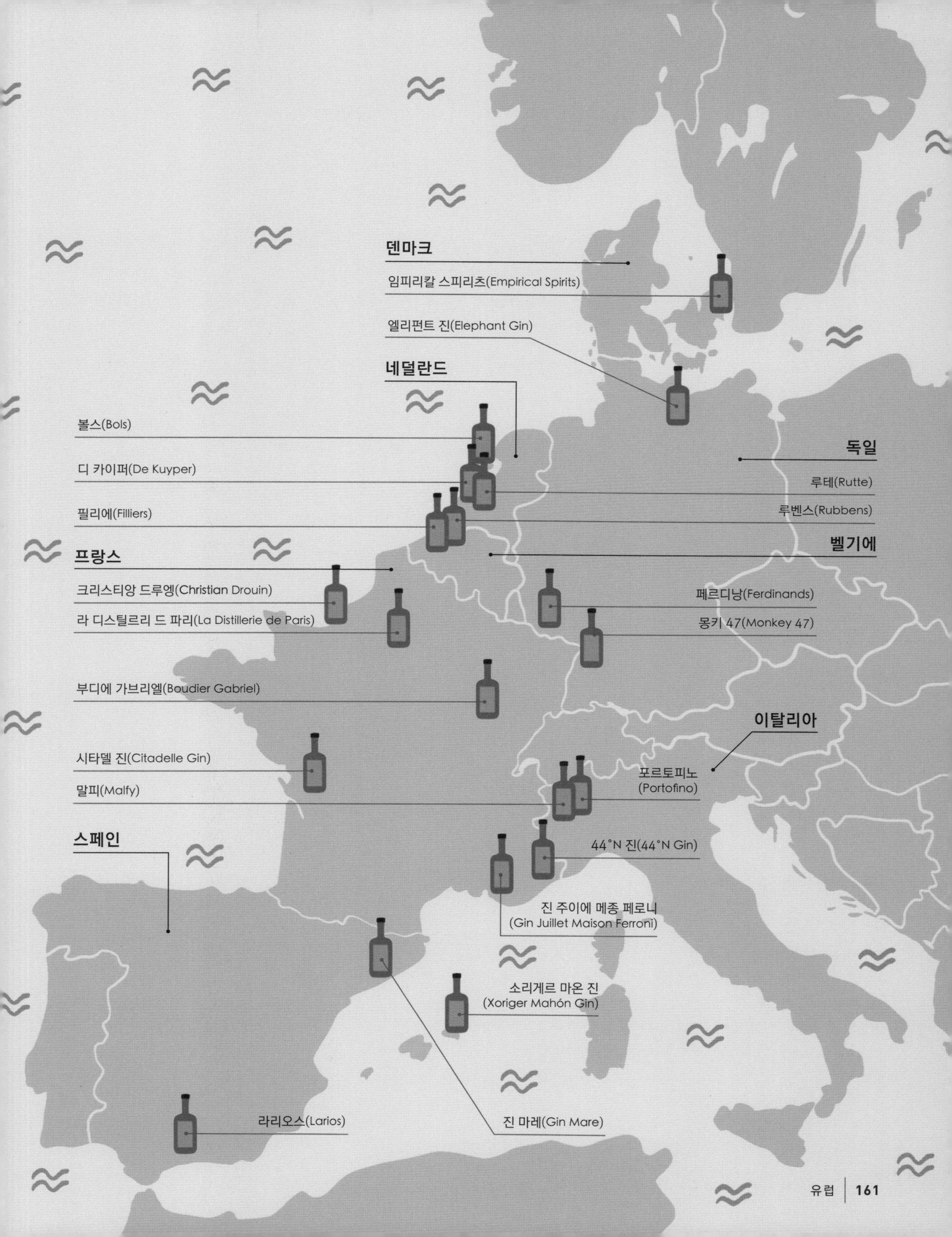
덴마크
임피리칼 스피리츠(Empirical Spirits)
엘리펀트 진(Elephant Gin)
네덜란드
볼스(Bols)
디 카이퍼(De Kuyper)
필리에(Filliers)
독일
루테(Rutte)
루벤스(Rubbens)
벨기에
프랑스
크리스티앙 드루엥(Christian Drouin)
라 디스틸르리 드 파리(La Distillerie de Paris)
페르디낭(Ferdinands)
몽키 47(Monkey 47)
부디에 가브리엘(Boudier Gabriel)
이탈리아
시타델 진(Citadelle Gin)
말피(Malfy)
포르토피노
(Portofino)
스페인
44°N 진(44°N Gin)
진 주이에 메종 페로니
(Gin Juillet Maison Ferroni)
소리게르 마온 진
(Xoriger Mahón Gin)
라리오스(Larios)
진 마레(Gin Mare)

TOUR DU MONDE

미국과 캐나다

미국의 진 시장은 폭발적인 성장세를 보이고 있으며 캐나다 역시 그 뒤를 따르고 있다. 미국은 세계 제2위의 진 소비국으로 수백 개의 소규모 증류소와 함께 크래프트 진도 활발하게 성장하고 있다. 또한 새로운 카테고리의 진에 「뉴 웨스턴(New Western)」이라는 이름을 붙이기도 했다.

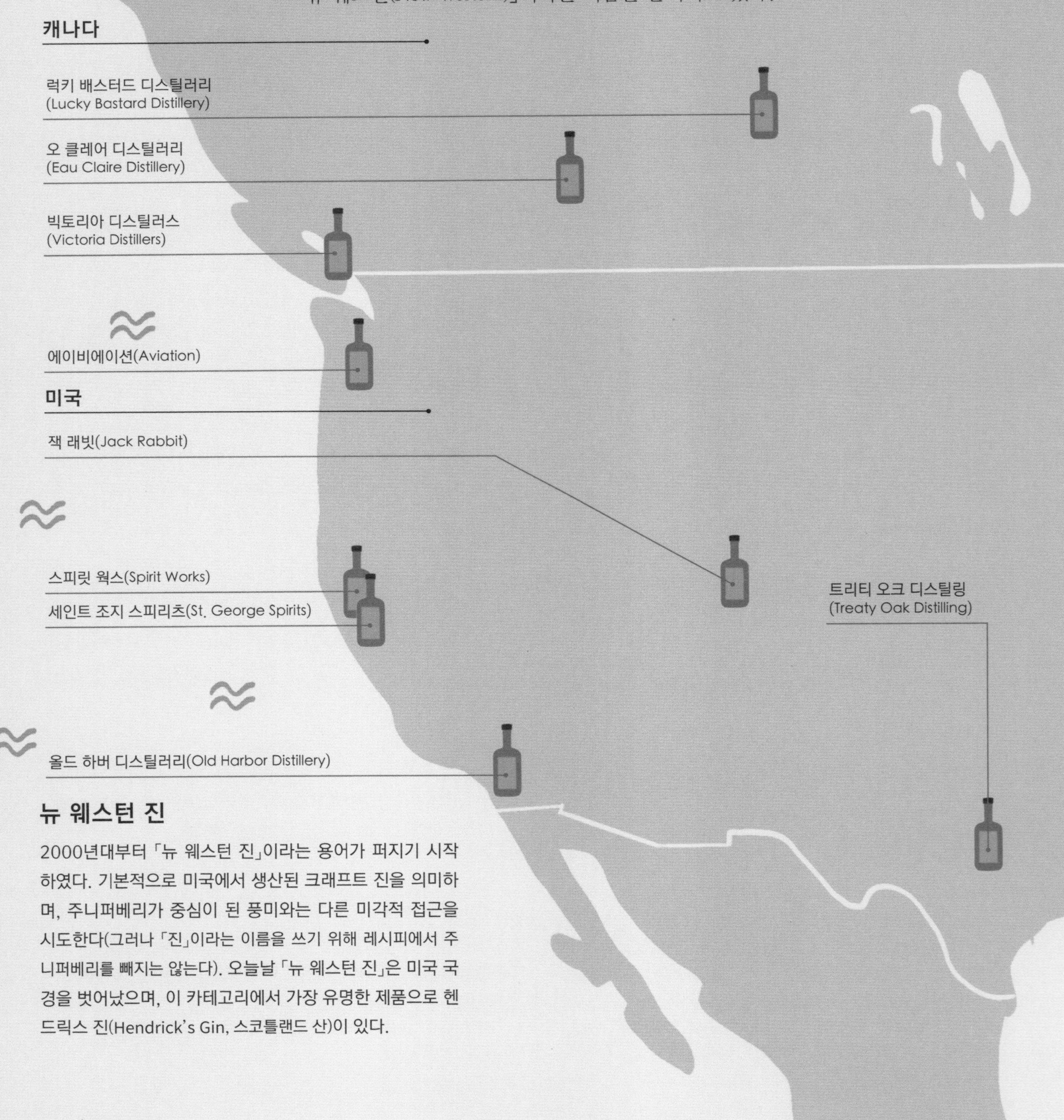

뉴 웨스턴 진

2000년대부터 「뉴 웨스턴 진」이라는 용어가 퍼지기 시작하였다. 기본적으로 미국에서 생산된 크래프트 진을 의미하며, 주니퍼베리가 중심이 된 풍미와는 다른 미각적 접근을 시도한다(그러나 「진」이라는 이름을 쓰기 위해 레시피에서 주니퍼베리를 빼지는 않는다). 오늘날 「뉴 웨스턴 진」은 미국 국경을 벗어났으며, 이 카테고리에서 가장 유명한 제품으로 헨드릭스 진(Hendrick's Gin, 스코틀랜드 산)이 있다.

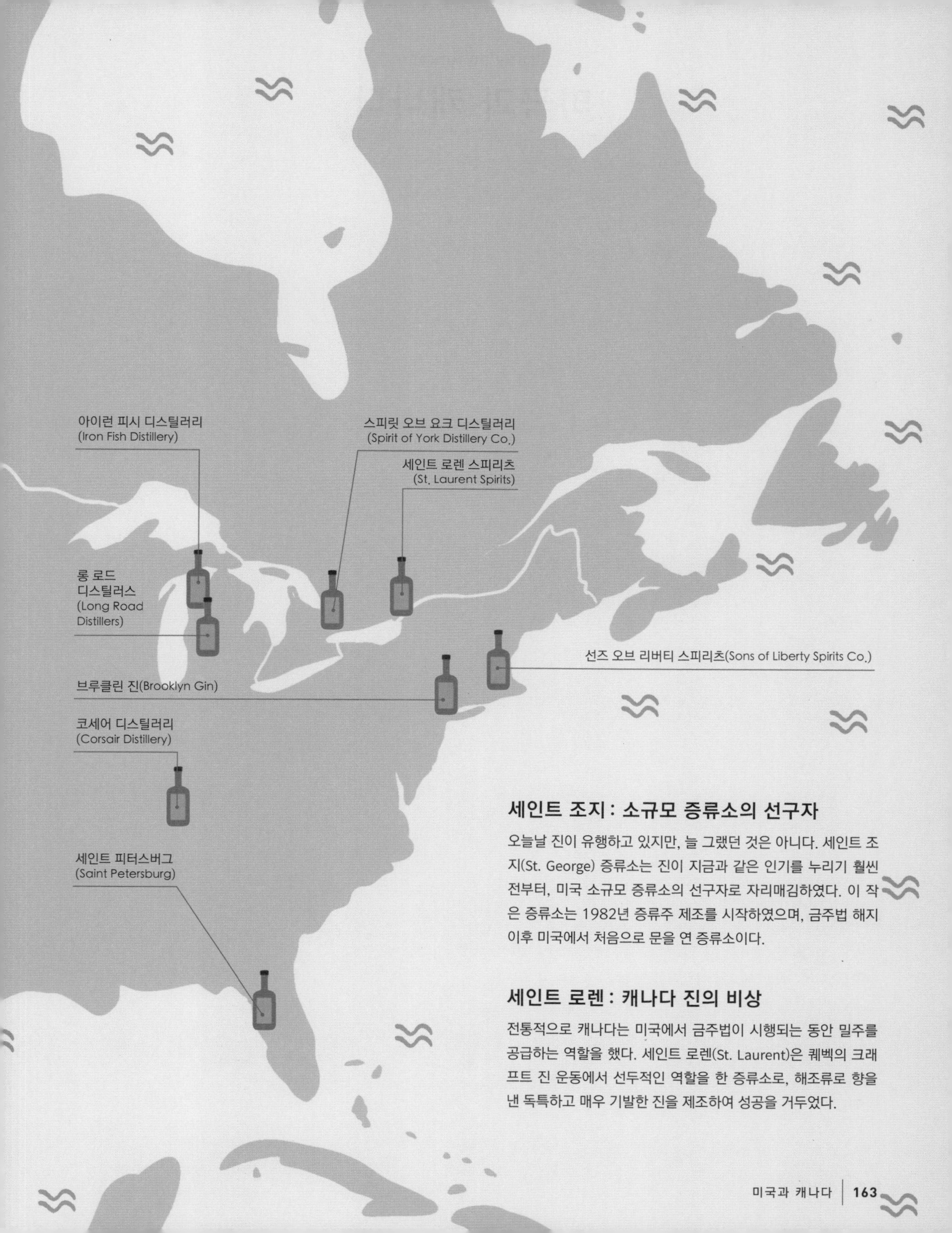

세인트 조지 : 소규모 증류소의 선구자

오늘날 진이 유행하고 있지만, 늘 그랬던 것은 아니다. 세인트 조지(St. George) 증류소는 진이 지금과 같은 인기를 누리기 훨씬 전부터, 미국 소규모 증류소의 선구자로 자리매김하였다. 이 작은 증류소는 1982년 증류주 제조를 시작하였으며, 금주법 해지 이후 미국에서 처음으로 문을 연 증류소이다.

세인트 로렌 : 캐나다 진의 비상

전통적으로 캐나다는 미국에서 금주법이 시행되는 동안 밀주를 공급하는 역할을 했다. 세인트 로렌(St. Laurent)은 퀘벡의 크래프트 진 운동에서 선두적인 역할을 한 증류소로, 해조류로 향을 낸 독특하고 매우 기발한 진을 제조하여 성공을 거두었다.

TOUR DU MONDE

그 밖의 나라

호주, 아시아, 중국, 아프리카, 레바논, 중남미 등, 진의 폭발적인 유행은 이제 전 세계로 확산되고 있다. 심지어 전혀 예상치 못했던 나라에서도 진이 유행하고 있다.

중남미

중남미 지역이라고 하면 메스칼(Mezcal), 테킬라(Tequila), 카샤사(Cachaça), 심지어 피스코(Pisco)가 더 쉽게 연상되지만, 이 지역에서도 진을 생산하고 있으며 스페인의 식민지였던 시기의 영향을 받아 만들어진 진도 있다.

또한 일부 럼 증류소에서도 진을 생산하기 시작했다(콜롬비아의 딕타도르, 베네수엘라의 디플로마티코 럼과 같은 브랜드인 카나이마 등).

레바논: 창의성이 넘치는 땅

레바논에서는 풍부한 역사와 미식 문화의 영향으로 진 증류소가 번성하고 있다. 순수한 런던 스타일 진인 준(Jun)은 요리에 푹 빠진 마야(Maya)와 차디 카타르(Chadi Khattar) 부부의 작품이다. 차디는 직접 증류 교육을 받았고, 부부가 100,000달러를 투자하여 직접 재배한 식물들로 진을 생산하기 시작하였다.

필리핀: 진의 거인!

1762~1764년까지 영국이 마닐라를 점령한 영향일까? 필리핀 최초의 진 브랜드는 스페인 식민지 시대의 가족 증류소에서 만들어졌다. 필리핀 진의 트랜드를 만든 것은 지네브라 산 미구엘(Ginebra San Miguel)이다. 그 뒤로 필리핀 시장의 연간 진 소비량은 2천2백만 상자(세계 진 시장 규모의 40% 이상)에 이른다. 거의 대부분이 자국 브랜드인 지네브라 산 미구엘(지네브라는 타갈로그어로 「진」을 뜻한다)이며, 알코올 도수 40%의 네덜란드 스타일 진이다.

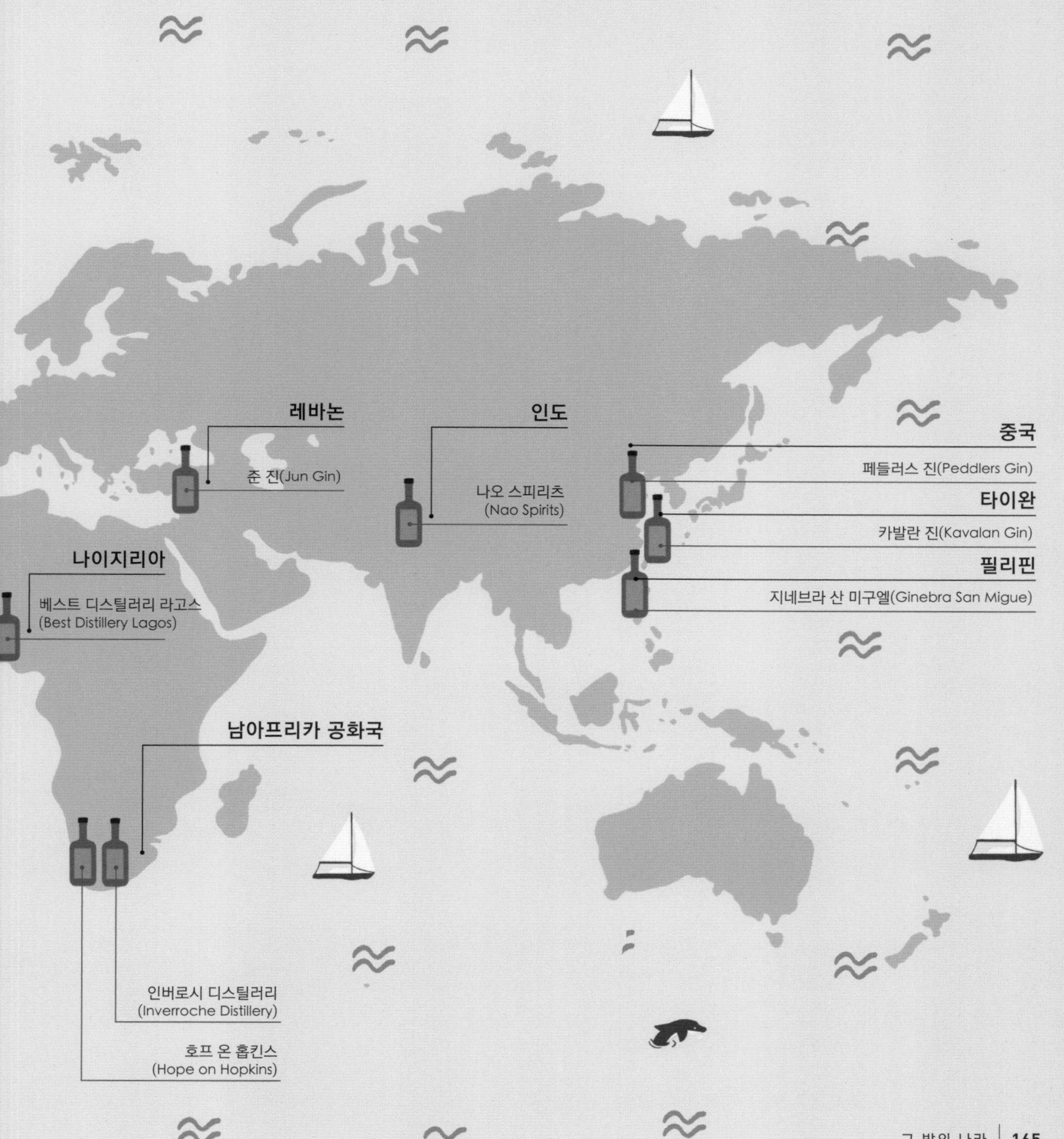

8

참고자료

ANNEXES

진은 어렵지 않아

CHAPTER 8 : 참고자료

INDEX

ㅈ

ㅊ

ㅋ

ㅌ

ㅍ

ㅎ

LE GIN C'EST PAS SORCIER
Copyright © Marabout (Hachette Livre), Vanves, 2022
Mickaël Guidot
Illustrations - Yannis Varoutsikos
KOREAN language edition © 2024 by Donghaksa Publishing Co., Ltd.
KOREAN translation rights arranged with Marabout (Hachette Livre) through Botong Agency, Seoul, Korea.

이 책의 한국어판 저작권은 보통 에이전시를 통한 저작권자와의 독점 계약으로 주식회사 동학사(그린쿡)가 소유합니다.
신 저작권법에 의하여 한국 내에서 보호를 받는 저작물이므로 무단전재와 무단복제를 금합니다.

진은 어렵지 않아

펴낸이 유재영
펴낸곳 그린쿡
글쓴이 미카엘 귀도
옮긴이 고은혜

기획 이화진
편집 박선희
디자인 임수미

1판 1쇄 2024년 4월 10일

출판등록 1987년 11월 27일 제10-149
주소 04083 서울 마포구 토정로 53(합정동)
전화 02-324-6130, 324-6131
팩스 02-324-6135

E-메일 dhsbook@hanmail.net
홈페이지 www.donghaksa.co.kr / www.green-home.co.kr
페이스북 www.facebook.com / greenhomecook
인스타그램 www.instagram.com/__greencook

ISBN 978-89-7190-880-8 13590

• 이 책은 실로 꿰맨 사철제본으로 튼튼합니다.
• 잘못된 책은 구매처에서 교환하시고, 출판사 교환이 필요할 경우에는 사유를 적어 도서와 함께 위의 주소로 보내주세요.

옮긴이_ 고은혜

이화여대 통번역대학원 통역전공 한불과와 파리 통번역대학원(ESIT-Paris 3) 한불번역 특별과정 졸업. 서울과 파리에서 음식을 공부하고 프랑스 공인 요리 전문 자격(CAP-Cuisine)을 취득한 뒤, 파리의 미쉐린 스타 레스토랑에서 견습을 거쳤다. 현재 F&B 전문 한불 통번역사로 활동 중이다. 그린쿡과 『위스키는 어렵지 않아[증보개정판]』, 『칵테일은 어렵지 않아』, 『요리는 어렵지 않아』, 『럼은 어렵지 않아』, 『차는 어렵지 않아』 작업을 함께했다.

GREENCOOK은 최신 트렌드의 요리, 디저트, 브레드는 물론 세계 각국의 정통 요리를 소개합니다. 국내 저자의 특색 있는 레시피, 세계 유명 셰프의 쿡북, 전 세계의 요리 테크닉 전문서적을 출간합니다. 요리를 좋아하고, 요리를 공부하는 사람들이 늘 곁에 두고 활용하면서 실력을 키울 수 있는 제대로 된 요리책을 만들기 위해 고민하고 노력하고 있습니다.